环境仪器分析实验

主编　刘敬勇　李晓明　李伟新
主审　刁增辉

中国建材工业出版社

图书在版编目（CIP）数据

环境仪器分析实验/刘敬勇，李晓明，李伟新主编
. --北京：中国建材工业出版社，2023.2
ISBN 978-7-5160-3614-3

Ⅰ.①环…　Ⅱ.①刘…　②李…　③李…　Ⅲ.①环境监
测—仪器分析—高等学校—教材　Ⅳ.①X830.2

中国版本图书馆 CIP 数据核字（2022）第 236116 号

内 容 提 要

本实验教材是在总结长期实验教学实践的基础上，参考近年来出版的国内外仪器分析实验、环境监测实验、环境化学实验等教材，并结合部分老师的科研成果编写而成，旨在加强对学生的动手能力、分析问题和解决实际问题能力的培养。

内容涉及样品的采集和预处理技术、实验误差及数据处理、光学分析法、色谱分析法、电化学法、质谱法、X 射线衍射法等仪器分析实验方法，以及常用分析仪器的使用和维护、仪器分析实验室工作技巧及课程教学实习等，共包含 24 个基础实验。

本书可作为高等院校环境工程、环境科学、应用化学、食品质量与安全等专业开设仪器分析实验课程以及课程实习的教材，也可供研究生、分析测试工作者及相关技术人员阅读和参考。

环境仪器分析实验
Huanjing Yiqi Fenxi Shiyan
主编　刘敬勇　李晓明　李伟新
主审　刁增辉

出版发行：中国建材工业出版社
地　　址：北京市海淀区三里河路 11 号
邮　　编：100831
经　　销：全国各地新华书店
印　　刷：北京印刷集团有限责任公司
开　　本：787mm×1092mm　1/16
印　　张：9.25
字　　数：210 千字
版　　次：2023 年 2 月第 1 版
印　　次：2023 年 2 月第 1 次
定　　价：39.80 元

作 者 简 介

  刘敬勇 男，1979 年生，河南南阳人，博士，教授，博导。入选首批广东省高层次人才特殊支持计划（广东省科技创新青年拔尖人才计划），入选广东省高等学校优秀青年教师培养计划，入选广东工业大学第二批"培英育才"计划，入选广东高校优秀青年创新人才培育计划；广东省高等学校"千百十工程"第七批校级培养对象，广东省-教育部-科技部产学研企业科技特派员，广东省评审专家库专家；国家注册环保工程师，国家清洁生产审核师，环境监理工程师，环境评价师。主要从事固体废弃物处理处置与资源化利用研究，重点探索固体废弃物处理处置与资源化利用，包括各类污泥的处理处置及资源化利用、生物质处理及能源转化、危险废物处理处置、土壤污染治理。近年来，主持的项目主要包括国家自然科学基金 2 项、广东省高层次人才特殊支持计划 1 项、广东省高校优秀青年项目 1 项、广东省自然科学基金 2 项、广东省科技计划项目 8 项、广州市科技计划重点项目 1 项等纵向课题 20 多项；参与了国家自然科学基金、广东省重大科技专项、广州市科技计划等 10 多项。发表中英文各类论文 300 余篇，其中 SCI 论文 136 篇（一区二区论文 113 篇，影响因子大于 10 的论文 72 篇，高被引论文 10 篇），专利申请-授权 64 项（转让 15 件），出版专著 2 部（主编），参与国家标准制定 1 项，获得省级科技进步二等奖 1 项（排名 5）、广东省环境保护科学技术二等奖 1 项（排名 1）。

  李晓明 男，博士，高级工程师。于 2008 年 6 月毕业于中科院广州地球化学研究所有机地球化学国家重点实验室环境科学专业，中国科学院广州地球化学研究所地球化学博士后流动站在站博士后，现就职于广州普诺环境检测技术服务有限公司。长期从事环境分析及食品安全相关的检测技术研究，具有丰富的环境及食品安全检测经验和应急处理检测技术问题的能力，开发了大体积水体二噁英分析法、油脂类和肉制品的痕量 POPs 分析方法，培养 POPs 类痕量有机物检测专业技术人员 4 人（研究生 2 人，本科生 2

人），取得相关领域发明专利 5 项。近年按照生态环境部"十四五"规划着眼于高通量、智能化实验室研究方向，开发了痕量有机污染物前处理自动分析产线。承担广东省科技厅科技计划项目 3 项、广东省质监局科技计划项目 3 项，有机地球化学国家重点实验室开放基金 1 项。其中省质监局科技计划项目"食品安全的风险分析、评估及预警——广东省食品生产加工环节食品安全的系统风险分析"，该项目主要对广东省 2006—2010 年期间的食品安全监测数据进行汇总与分析，主要侧重于食品中的有毒有害物质物的安全风险评估，包括：食物污染物和添加剂含量及人群暴露评估，如邻苯二甲酸酯、二噁英、三聚氰胺等。项目成果应用于广东省市场监督管理局食品安全监管教程，获得中国发明协会发明创业奖创新二等奖（排名 2）。2021年入选广东省环卫技术咨询专家。

李伟新 男，高级工程师，广东省矿产应用研究所（广东省放射性与三稀资源利用重点实验室）环境检测室主任。多年从事地质实验测试及固体废物毒性浸出理化分析、矿产资源综合利用、矿山环境地质调查与研究、地质灾害危险性评估与治理、"三废"治理及固体废物无害化处理研究工作。先后主持和参与了多项省、市级科研项目，取得了十余项专利证书，在国内外刊物发表论文十余篇。

前　言

本教材是在总结长期实验教学实践的基础上，参考近年来出版的国内外仪器分析实验、环境监测实验、环境化学实验等教材，并结合部分老师的科研成果编写而成，旨在加强对学生的动手能力、分析问题和解决实际问题能力的培养。

本教材内容涉及样品的采集和预处理技术、实验误差及数据处理、光学分析法、色谱分析法、电化学法、质谱法、X射线衍射法等仪器分析实验方法，以及常用分析仪器的使用和维护、仪器分析实验室工作技巧及课程教学实习等，共包含24个基础实验。

本书内容丰富、层次清晰，形式新颖先进、实用灵活。本书可作为高等院校环境工程、环境科学、应用化学、食品质量与安全等专业开设仪器分析实验课程以及课程实习的教材，也可供研究生、分析测试工作者及相关技术人员阅读和参考。

本书的出版得到了广东工业大学学科建设经费资助。

由于本书涉及面较广，编者水平有限，书中的错误和疏漏在所难免，敬请各位专家和读者指正。

编　者

2022 年 12 月

目　　录

第一章 环境仪器分析实验室须知

1.1 环境仪器分析实验基本要求

1. 认真预习

实验前必须对实验内容进行充分认真的预习，写好预习报告，做好实验安排。预习报告内容包括实验目的、实验原理、仪器和试剂、实验步骤和注意事项。预习时，应针对实验原理部分，结合理论相关内容，查阅参考资料，做到实践与理论融会贯通。对于操作步骤中初次接触的仪器，应认真查阅实验教材中的相关操作方法，了解这些操作的规范要求，保证仪器操作的规范化。

2. 爱护仪器

仪器分析实验使用的都是大型贵重仪器，要爱护仪器设备，对初次接触的仪器应了解其基本原理，仔细阅读仪器的操作规程，认真听从指导教师的指导。未经允许不可私自开启设备，以防损坏仪器。

3. 注意安全

实验时必须注意安全，遵守实验室有关规章制度。实验过程中，要细心、谨慎，严格按照仪器操作规程进行操作。若仪器设备发生故障或损坏，首先要切断电源和气源，并立即报告指导教师进行处理。

4. 遵守纪律和保持整洁

严格遵守实验纪律，不缺席，不迟到早退。实验中保持安静。保持实验室内整洁，保证实验台面干净、整齐。

5. 实验结束后的整理

实验结束后，清洗玻璃器皿，复原仪器，整理清洁实验台面和地面，关好水、电、门窗，填写使用登记记录本。实验结束后经指导教师检查、批准后方可离开实验室。

6. 书写实验报告

实验报告内容包括姓名、日期、实验题目、实验目的、实验原理、仪器和试剂、实验步骤、注意事项、数据与结果处理、讨论和回答思考题。

1.2 环境分析实验室用水要求

环境分析实验室用水应为饮用水或适当纯度的水。根据《分析实验室用水规格和试验方法》（GB/T 6682—2008），环境分析实验室用水共分三个级别：一级水、二级水和三级水。一级水用于有严格要求的分析实验，包括对颗粒有要求的实验，如高效液相色谱分析、色谱-质谱联用仪分析等；二级水可用于无机痕量分析等实验，如原子吸收光谱分析，其组成类似于通常所说的去离子水；三级水用于一般的化学实验分析。实验室用水指标见表1.2-1。

表 1.2-1　实验室用水指标

指标	一级	二级	三级
pH 值范围（25℃）	—	—	5.0~7.5
电导率（25℃，mS/m）	≤0.01	≤0.10	≤0.50
可氧化物质（以 O 计，mg/L）	—	≤0.08	≤0.4
吸光度（254nm，1cm 光程）	≤0.001	≤0.01	—
蒸发残渣（105℃±2℃）含量（mg/L）	—	≤1.0	≤2.0
可溶性硅（以 SiO$_2$ 计）含量（mg/L）	≤0.01	≤0.02	—

注：1. 在一级水、二级水的纯度下，难以测定真实的 pH 值，因此，对一级水、二级水的 pH 值范围不作规定。
2. 在一级水的纯度下，难以测定可氧化物质和蒸发残渣，对其限量不作规定。可用其他条件和制备方法来保证一级水的质量。

表 1.2-1 中的三级水通常可通过蒸馏或离子交换的方法获得，二级水则可通过多次蒸馏或离子交换的方法制备。蒸馏法是实验室最常用的一种制水方法，耗能、费水、速度慢，但设备便宜，操作方便。蒸馏水能去除自来水内大部分非挥发性的污染物，且新鲜的蒸馏水是无菌的。离子交换法可以去除水中的阴离子和阳离子，但水中仍然存在可溶性的有机物。一级水的制备则需要更复杂的工艺，如经石英设备蒸馏或离子交换混合床处理后，再经过 0.2μm 微孔滤膜过滤。

目前，市面所售的实验用水种类很多，有蒸馏水、双蒸水、去离子水、反渗水、超纯水等。其中，反渗水是水分子在压力的作用下，通过反渗透膜成为纯水。反渗透技术可以有效去除水中的溶解盐、胶体、细菌、病毒、细菌内毒素和大部分有机物等杂质，但不同厂家生产的反渗透膜对反渗水的质量影响很大。超纯水是指除水分子外，其他各种杂质含量都极低的水，其最主要的一个指标是水的电阻率大于 18MΩ·cm（25℃）。超纯水在制备上根据实验要求可选择不同工艺，不同工艺制备得到的超纯水总有机碳（Total Organic Carbon，TOC）、细菌、内毒素等指标方面并不相同。对于环境样品分析来说，微生物分析对细菌和内毒素有要求，而高效液相色谱（High Performance Liquid Chromatography，HPLC）要求 TOC 值低，电感耦合等离子体质谱（Inductively Coupled Plasma Mass Spectrometry，ICP-MS）要求电阻率大。超纯水最好能现制现用，任何方式的贮存及久放，除了会有容器本身造成的污染外，开放条件下灰尘、挥发性有机物、微生物等污染及二氧化碳造成的电导率上升、pH 下降等引起的水质变化是不可避免的。

1.3　环境仪器分析实验室化学试剂选择

我国的试剂规格按纯度划分，有高纯、光谱纯、基准试剂、分光纯、优级纯、分析纯和化学纯 7 种。其中，高纯试剂是在通用试剂基础上发展起来的，是为了专门的使用目的而用特殊方法生产的纯度最高的试剂，杂质含量要比优级纯试剂低 2~4 个甚至更多个数量级。因此，高纯试剂特别适用于一些痕量分析。目前，除对少数产品制定国家标准外，大部分高纯试剂的质量标准还不统一，在名称上也有高纯、特纯、超纯、光谱纯等不同叫法。国家和主管部门颁布质量指标的主要有优级纯、分级纯和化学纯 3 种。表 1.3-1 列出了常用试剂的级别、英文代号及用途。

表 1.3-1 常用试剂的级别、英文代号及用途

级别	英文代号	标签颜色	用途	相近的国外试剂级别
基准试剂	PT	—	专门作为基准物用，可直接配制标准溶液	—
光谱纯	SP	—	表示光谱纯	—
优级纯	GR	绿色	纯度最高，杂质含量最低，适合于精密的分析工作和科学研究工作	Ultra Pure：超纯
分析纯	AR	蓝色	略次于优级纯，适合于重要分析及一般研究工作	High Purity：高纯 ACS：美国化学学会标准
化学纯	CP	红色	纯度和分析纯相差较大，适用于工矿、学校一般分析工作	Reagent：试剂级

实验过程中，应尽量根据样品特点及所测指标选择合适的试剂。对于环境样品来说，绝大部分持久性有机污染物和有毒有害物质在样品中的含量都很低，为降低分析背景噪声及试剂背景，应尽量选择杂质含量低的试剂，如优级纯试剂。在分析有机氯、有机磷农药或其他农残时，则应优先考虑使用农残级试剂（Pesticide Residue，PR）进行样品处理。农残级试剂在分析过程中不会引入农残方面的污染，可降低试剂背景值。对于一些背景样品（如极地样品等）或超痕量指标（如贵重金属等），在测量时更应选择高纯度级别的试剂进行样品预处理和样品分析。

由于高纯试剂的标准并不统一，比较常见的是按照仪器的使用目的和适用仪器进行分类。试剂规格按用途划分，简单明了，从规格即可知试剂的用途，方便分析工作者选择合适的分析试剂。下面介绍几种在环境样品分析中常用的高纯试剂。

色谱级试剂（HPLC 级），纯度高、含水量低，紫外（Ultraviolet，UV）背景吸收低，HPLC 分析中无干扰峰，挥发残留及固体颗粒含量低，特别适用于 HPLC 分析及分光光度分析。PR 级同样具有高纯度、低挥发残留及固体颗粒含量低等特点，该类试剂在分析过程中不会引入农残方面的污染，适合环境样品中的农残分析、光谱分析、HPLC 分析、气相色谱（Gas Chromatography，GC）分析等。

等离子体发散光谱纯级试剂（ICP Pure Grade），绝大多数杂质元素含量低于 $1\mu g/L$，适合等离子体发散光谱仪（Inductively Coupled Plasma，ICP）日常分析工作。

等离子体质谱纯级别试剂（ICP-MS Pure Grade）中绝大多数杂质元素含量低于 $0.1\mu g/L$，适合等离子体质谱仪（ICP-MS）日常工作分析。

除明确标识为等离子体质谱纯级的试剂外，电子级试剂（Electronic Grade）和金属-氧化物-半导体（Metal-oxide-semiconductor，MOS）试剂为光学与电子学专用，后者为半导体行业专用，都属于高纯度化学品，金属杂质含量小于 $1\mu g/L$ 甚至更低，尘埃等级达到 $0~2\mu g/L$，都属于高纯化学品。

1.4　玻璃仪器的洗涤、干燥和存放

1.4.1　玻璃仪器的洗涤

分析化学实验中所使用的器皿应洁净，其内外壁应能被水均匀地润湿，且不挂水珠。在分析工作中，洗净玻璃仪器是实验前必须做的准备工作，也是一项技术性的工作。仪器洗涤是否符合要求，对化验工作的准确度和精密度均有影响。不同分析工作（如工业分析、一般化学分析、微量分析等）有不同的仪器洗净要求。

分析实验中常用的烧杯、锥形瓶、量筒、量杯等一般性的玻璃器皿，可先用毛刷蘸去污粉或合成洗涤剂刷洗，再用自来水冲洗干净，然后用蒸馏水或去离子水润洗 3 次。

滴定管、移液管、吸量管、容量瓶等具有精确刻度的仪器，可采用合成洗涤剂洗涤。其洗涤方法是：将配制 0.1％～0.5％浓度的洗涤液注入容器中，浸润、摇动几分钟，用自来水冲洗干净后，再用蒸馏水或去离子水润洗 3 次，如果未洗干净，可用铬酸洗液洗涤。

光度法用的比色皿是用光学玻璃制成的，不能用毛刷洗涤，应根据不同情况采用不同的洗涤方法。常用的洗涤方法是将比色皿浸泡于热的洗涤液中一段时间后冲洗干净。注意：比色皿不可用铬酸洗液清洗。

仪器的洗涤方法很多，应根据实验要求、污物性质、沾污的程度来选用。一般来说，附着在仪器上的脏物有尘土和其他不溶性杂质、可溶性杂质、有机物和油污，针对这些情况可分别用下列方法洗涤。

1. 刷洗

使用毛刷刷洗，除去仪器上的尘土及其他物质，注意毛刷的大小、形状要适合，如洗圆底烧瓶时，毛刷要适当弯曲才能接触到全部内表面，脏、旧、秃头毛刷需及时更换，以免戳破、划破或沾污仪器。

2. 用合成洗涤剂洗涤

洗涤时先将器皿用水润湿，再用毛刷蘸少许去污粉或洗涤剂，将仪器内外洗刷一遍，然后用水边冲边刷洗，直至干净为止。

3. 用铬酸洗液洗涤

被洗涤器皿尽量保持干燥，倒少许铬酸洗液于器皿内，转动器皿，使其内壁被浸润（必要时可用洗液浸泡），再用水冲洗器皿内残存的洗液，直至干净为止。热的洗液去污能力更强。铬酸洗液主要用于洗涤被无机物沾污的器皿，它对有机物和油污的去污能力也较强，常用来洗涤一些口小、管细等特殊形状的器皿，如吸管、容量瓶等。铬酸洗液具有强酸性、强氧化性和强腐蚀性，使用时要注意以下几点：

（1）洗涤的仪器不宜有水，以免稀释洗液而失效。

（2）洗液可以反复使用，用后倒回原瓶。

（3）洗液的瓶塞要塞紧，以防吸水失效。

（4）洗液不可溅在衣服、皮肤上。

（5）洗液的颜色由原来的深棕色变为绿色，即表示 $K_2Cr_2O_4$ 已还原为 $Cr_2(SO_4)_3$，失去氧化性，洗液失效不能再用。

4. 用酸洗洗液洗涤

（1）粗盐酸可以洗去附在仪器壁上的氧化剂（如 MnO_2）等大多数不溶于水的无机物。因此，在刷子刷洗不到或洗涤不宜用刷子刷洗的仪器，如吸管和容量瓶等情况下，可以用粗盐酸洗涤。灼烧过沉淀物的瓷坩埚可用盐酸（1∶1）洗涤。洗涤过的粗盐酸可以回收继续使用。

（2）盐酸-过氧化氢洗液适用于洗去残留在容器上的 MnO_2，例如过滤 $KMnO_4$ 用的砂芯漏斗可以用此洗液刷洗。

（3）盐酸-酒精洗液（1∶2）适用于洗涤被有机染料染色的器皿。

（4）硝酸-氢氟酸洗液是洗涤玻璃器皿和石英器皿的优良洗涤剂，可以避免杂质金属离子的黏附。其常温下储存于塑料瓶中，洗涤效率高，清洗速度快，但对油脂及有机物的清除能力差。其对皮肤有强腐蚀性，操作时需加倍小心。该洗液对玻璃和石英器皿有腐蚀作用，因此，精密玻璃仪器、标准磨口仪器、活塞、砂芯漏斗、光学玻璃、精密石英部件、比色皿等不宜用这种洗液。

5. 用碱性洗液洗涤

碱性洗液适用于洗涤油脂和有机物。因它的作用较慢，一般要浸泡24h或用浸煮的方法。

（1）氢氧化钠-高锰酸钾洗液

用此洗液洗过后，器皿上会留下二氧化锰，可再用盐酸洗涤。

（2）氢氧化钠（钾）-乙醇洗液

该洗液洗涤油脂的能力比洗涤有机溶剂的能力高，但不能与玻璃器皿长期接触。使用碱性洗液时要特别注意，碱液有腐蚀性，不能溅到眼睛里。

6. 超声波清洗

超声波清洗是一种新的清洗方法，主要是利用超声波在液体中的空化作用进行洗涤。在超声波的作用下，液体分子时而受拉，时而受压，形成一个个微小的空腔，即所谓"空化泡"。由于空化泡的内外压力相差悬殊，在空化泡消失时，被清洗物体表面的各类污物被剥落，从而达到清洗的目的。同时，超声波在液体中能加速溶解作用和乳化作用，因此，超声波清洗质量好、速度快，尤其对于采用一般常规清洗方法难以达到清洁度要求，以及几何形状比较复杂且带有各种小孔、弯孔和盲孔的被洗物件，效果更为显著。例如，市售CQ-250型超声波清洗器对分析实验室的玻璃仪器的清洗效果就很好。使用时将被洗件悬挂在处于工作状态的清洗液中，清洗干净即可取出。

1.4.2　洗净的玻璃仪器的干燥和存放

洗净的玻璃仪器可用以下方法干燥和存放：

（1）烘干。洗净的玻璃仪器可放入干燥箱中烘干，放置容器时应注意平放或使容器口朝下。

（2）烤干。烧杯或蒸发皿可置于石棉网上烤干。

（3）晾干。洗净的玻璃仪器可置于干净的实验柜或仪器架上晾干。

（4）用有机溶剂干燥。加一些易挥发的有机溶剂到洗净的容器中，将容器倾斜转动，使器壁上的水和有机溶剂相互溶解、混合，然后倾出有机溶剂，少量残存在器壁上的有机溶剂很快会挥发，从而使容器干燥。

（5）吹干。用吹风机或氮气流往仪器内吹风，将仪器吹干，这种方法的干燥速度更快。

注意：带有刻度的玻璃仪器不能用加热的方法进行干燥，加热会影响这些玻璃仪器的准确度。

1.5　实验室气体钢瓶的使用及注意事项

气体钢瓶是用于储存压缩气体而特制的耐压钢瓶。使用时，通过减压阀（气压表）调节螺杆控制气体放出。由于钢瓶的内压很大（有的高达 15MPa），而且有些气体易燃、易爆或有毒，所以在使用钢瓶时要注意安全。

钢瓶使用的注意事项如下：（1）压缩气体钢瓶应远离热源、火种；置于阴凉通风处，防止日光暴晒；（2）可燃性气体钢瓶必须与氧气钢瓶分开存放，周围不得堆放任何易燃物品；（3）使用时要注意检查钢瓶及连接气路的气密性，确保气体不泄漏；（4）使用钢瓶中的气体时要用减压阀放出气体，各种气体钢瓶的气压表不得混用，以防爆炸；（5）使用完毕按规定关闭阀门，主阀拧紧防止气体泄漏；（6）养成离开作业现场前检查气瓶的习惯；（7）禁止随意搬动或敲打钢瓶，经允许搬动时应做到轻搬轻放；（8）不可将钢瓶内的气体全部用完，一定要保留 0.05MPa 以上的残留压力（减压阀表压），可燃性气体，如乙炔应剩余 0.2～0.3MPa；（9）各种气瓶必须按国家规定进行定期检验，使用过程中必须注意观察钢瓶的状态，如发现严重腐蚀或其他严重损伤，应停止使用并提前报检。

环境分析实验室测试指标复杂多样，涉及仪器种类较多，使用的气体钢瓶种类也较多。表 1.5-1 列出了常用气体钢瓶标志及适用仪器。从表 1.5-1 中可见，环境分析实验室中气体钢瓶种类较多，在使用和管理过程中除须严格遵守上述注意事项之外，对于特殊气体还应特殊管理。乙炔、甲烷等特种气体极易燃烧、易爆炸，与明火的距离不得小于 10m，应特别注意日常防漏检查。存放乙炔气体钢瓶的地方，要求通风良好，还要注意防止气体回缩。氢气密度小，易泄漏，扩散速度快，易和其他气体混合引起自然自爆，应单独存放，最好放置在室外专用的通风良好的钢瓶房内，以确保安全，并严禁烟火。氧气是强烈的助燃气体，在高温或高压下纯氧十分活泼，可以和油类发生剧烈的化学反应，并引发自燃产生强烈爆炸。氧气钢瓶应存放在阴凉通风的地方，防止与油类及其他可燃性气体接触；禁止用残留其他可燃性气体的钢瓶来充灌氧气。

在购买和使用钢瓶气体时，除了选择正确的气体种类外，还要选择合适的气体纯度，既要满足仪器分析精度要求，又要尽可能降低分析成本。纯度是确定气体产品等级的指标之一，通常用百分数表示，如 99.5%、99.995% 等。习惯上，我们用普通气

（工业气）、纯气、高纯气、超纯气来表示气体产品的等级，但由于受气体种类、产品用途、生产能力等因素的制约，不同品种的气体尚无统一的量化标准。国家标准对高纯氧气合格品的要求是纯度不低于 99.995％，而高纯氦气合格品的要求则是纯度不低于 99.999％。仪器分析特别是色谱、质谱类仪器大多使用高纯气体，气体不纯往往会直接影响分析结果，甚至会影响仪器使用寿命。

表 1.5-1　常用气体钢瓶标志及适用仪器

气体类别	瓶身颜色	字样	标字颜色	适用仪器
氮气	黑	氮	黄	GC、LC-MS
氧气	天蓝	氧	黑	GC、TOC、有机硫卤仪、测汞仪
氢气	深绿	氢	红	GC
压缩空气	黑	压缩空气	白	GC、ICP
氩气	灰	氩	绿	ICP、ICP-MS、GFAAS
氨	黄	氨	黑	ICP-MS
乙炔	白	乙炔不可近火	红	FAAS
氦气	棕	氦	白	GC、GC-MS、LC-MS、ICP-MS

注：1. GFAAS（Graphite Furnace Atomic Absorption Spectrometry）指石墨炉原子吸收光谱；
2. FAAS（Flame Atomic Absorption Spectrometry）指火焰原子吸收光谱。

1.6　分析试样的准备及处理

选择有代表性样品送到实验室进行分析，并确保分析结果的准确性。气体、液体、固体、植物（生物）和人体试样的采集和处理的经验性方法介绍如下。

1. 气体试样

1）常压取样

（1）使用吸筒和抽气泵等吸气装置，使盛气瓶产生真空，再自由吸取气体样品。这种方法吸取的气体样品无需处理即可用于分析。

（2）某些气体试样可以被吸附在固体吸附剂或过滤器上，以用于实验研究。固体吸附剂常用硅胶、氧化铝、活性炭、分子筛、有机聚合物等。这种方法吸附的气体样品需要通过加热或用适当的溶剂萃取后才能用于分析。

2）气体样品压力低于常压取样：

将取样器抽成真空，连接取样管进行取样。

3）气体样品压力高于常压取样：

使用球胆或盛气瓶取样。

2. 液体试样

液体试样一般使用塑料或玻璃取样器。当检测液体试样中的微量金属元素时，必须选用塑料取样器。当检测液体试样中的有机物时，必须选用玻璃取样器。液体试样适合大多数仪器方法的分析，原始液体试样一般不需额外处理即可用于分析测定。

（1）体积较小的液体试样：在搅拌后直接用瓶子或取样管取样。

（2）装在大容器中的液体试样：使用搅拌器搅拌，也可以采用无水、无油污等杂质的空气深入容器底部充分搅拌，再用内径约 1cm、长 80～100cm 的玻璃管在容器的各个不同部位和不同深度取样，混合均匀后以备测试分析。

（3）密封式容器的液体试样：先弃去前面一部分，再接取供分析的液体试样。

（4）一批中分几个小容器分装的液体试样：先分别将各容器中试样混合均匀，然后按照规定取样量取样，从各容器中取近等量试样装于一个试样瓶中，混合均匀供分析。

（5）水管中的液体样品：先放去一段水管内的水，取一根橡皮管，将一端套在水管上，另一端插入取样瓶底部，待瓶中装满水并少量溢出瓶口，以供分析。

（6）管网中的水样：一般需定时收集 24h 试样，混合均匀后作为分析试样。

（7）江、河、池、湖等水源中取样：根据分析目的以及水系的具体情况选择取样地点，用取样器在不同深度各取一份水样，混合均匀后作为分析试样。

（8）若水中或其他待测液体样品中有悬浮物时，需要先进行滤膜过滤。

（9）当测定更低含量组分时，可进行预富集处理。

3. 固体试样

固体物料种类繁多，试样的性质和均匀程度差别较大。

（1）谷物、水泥、化肥等组成均匀的物料，可用探料钻插入固体样品内部钻取。

（2）矿石、焦炭、土壤、块煤等大块物料样品，组分不均匀，大小相差大。采样时应以适当间距，从各个不同部分按照全部物料的千分之一至万分之三采集小样。极不均匀的物料可以放大取样量至五百分之一，取样深度可以参考 0.3～0.5m 深度。一般取样份数越多，试样的组成越具有代表性，但人力、物力消耗将增大。

根据固体试样的组成、特性和分析目的，需要选择合适的方法对固体试样进行处理。常见固体试样的处理方法举例说明如下。

1）土壤样品和水系沉积物

（1）硼酸盐碱熔法：以偏硼酸锂为熔剂，在 950℃熔融 20～30min，硝酸浸取。测定元素为 Si、Al、Fe、Ca、Mg、K、Na、Ti、P、Ba、Sr、V。

（2）氢氧化钠碱熔法：用 NaOH 在 720℃熔融约 15min，去离子水浸取。测定元素为 Se、Mo、B、As、Si、S、Pb、P、Ge、Sn、Cr、K。

（3）盐酸-硝酸-氢氟酸-高氯酸全消解法：这是最常用的土壤样品的处理方法，测定除 Si 和 B 以外的全部元素。具体步骤如下：

①称量 0.25g 样品，在 105℃干燥后，置于 50mL 聚四氟乙烯（PTFE）烧杯中，用少量水润湿，加入 15mL 盐酸，盖上 PTFE 表面皿，在电热板上加热煮沸 20～30min。应于通风橱内操作，小心有酸雾。

②在烧杯中加入 5mL 硝酸，盖上 PTFE 表面皿，加热煮沸约 1h。用水吹洗，取下表面皿，继续加热，蒸发至剩余约 10mL。

③在烧杯中加入 15mL 氢氟酸和 1mL 高氯酸，盖上 PTFE 表面皿，加热分解 1～2h，用水吹洗，取下表面皿，继续加热 2h，蒸发至不再产生白烟。用水吹洗杯壁，滴加 5 滴高氯酸，蒸发至不再产生白烟。

④在烧杯中加入 7mL 1＋1 盐酸（1 体积浓盐酸和 1 体积水混合液），加热浸取，冷

却，转移至50mL容量瓶中，加7％盐酸稀释，定容摇匀。

⑤立即将上述液体转移至干燥的有盖塑料瓶中备用，以免残余的氢氟酸腐蚀容量瓶。

2）岩石粉末样品

(1) 氢氟酸-硝酸-高氯酸混合酸分解法：称取40mg岩石粉末样品，置于高压溶样器。加入2mL氢氟酸-硝酸-高氯酸混合酸（体积比1.25∶0.5∶0.25），在200℃溶解2d。样品溶液蒸发至高氯酸冒烟后，加入2mL 1＋1硝酸，200℃恒温4h。用1％硝酸稀释定容样品。

(2) $Li_2B_4O_7$-H_3BO_3碱熔法：称取40mg小于200目的岩石标准样，置于铂坩埚中，加0.1g $Li_2B_4O_7$和0.1g H_3BO_3，在1100℃熔融20min。用7％硝酸浸取熔体，用4％硝酸稀释定容至200mL。

4. 植物和生物试样

(1) 植物试样应根据研究或分析需要，于适当部位和不同生长发育阶段采样。采集好后用水洗净，置于干燥通风处晾干，或用干燥箱烘干。

(2) 新鲜植物试样应立即进行处理和分析。当天未分析完的鲜样应暂时置于冰箱内低温保存。

(3) 测定生物试样中的氨基酸、维生素、有机农药、酚、亚硝酸等在生物体内易发生转化、降解或不稳定的成分时，应采用新鲜试样进行分析。

(4) 干样的分析：先将风干或烘干后的试样粉碎，根据分析方法的要求，通过40～100目筛，混合均匀备用，避免所用器皿带来污染。

(5) 植物试样的含水量高，在进行干样分析时，其鲜样采集量应为所需干样量的5～10倍。

5. 人体试样

人体试样可以分为均匀样品和非均匀样品。均匀样品包括血浆、血清、全血、唾液、胆汁、乳汁、淋巴液、脑脊液、汗液、尿液和性腺分泌液等体液。非均匀样品包括脑、心、肺、胃、肝、脾、肾、肠、子宫、睾丸、肌肉、皮肤、脂肪、组织、粪便排泄物等。几种常见人体试样的处理方法举例说明如下。

1）血液样品

(1) 血浆。将采集的血液置于含有抗凝剂的试管中，混合后以2500～3000r/min离心分离5min，使血细胞分离出来，分取上清液即为血浆。抗凝剂临床常用EDTA、肝素、草酸盐、枸橼酸盐、氟化钠等。血浆为全血的一半量，血浆中药物浓度既反映了药物在靶器官的存在状况，又较好地体现了药物浓度和治疗作用之间的关系。血浆是临床疾病治疗最常用的生物样品。

(2) 血清。采取的血样在室温下放置30～60min，待凝结出血饼后，用玻璃棒或细竹棒轻轻地剥去血饼，以2000～3000r/min离心分离5～10min，分取上清液即为血清。血清只为全血的20％～30％。血浆及血清中的药物浓度测定值通常是相同的。血清成分更接近组织液的化学成分，测定血清中的药物含量比全血更能反映机体的具体状况。

(3) 全血。将采集的血液置于含有抗凝剂的试管中，保持血浆和血细胞均相状态，即为全血。全血不易保存，血细胞中含有影响测定的干扰物质，故很少采用全血测定药物浓度。采血时的保存注意事项：①血浆或血清样品必须置于硬质玻璃试管中完全密塞后保存；②采血后及时分离出血浆或血清再储存。若不预先分离，血凝后冰冻保存。冰冻有时引起细胞溶解将妨碍血浆或血清的分离，有时因溶血影响药物浓度。

2）尿液样品

尿液主要成分为约 97％的水，其余为盐类、尿素、尿酸、肌酐等，一般没有蛋白质、糖和血细胞。体内药物清除主要是通过尿液排出，大部分药物以原型从尿中排泄。尿液取样方便，并对机体无损伤。

若收集 24h 的尿液不能立即测定时，为防止尿液生长细菌，令尿液中化学成分发生变化，应加入防腐剂置于冰箱中保存。常用防腐剂为浓盐酸、冰醋酸、甲苯、二甲苯、氯仿、麝香草酚。每种尿液防腐剂都有其用量和适用测定成分的规定。例如，利用甲苯等可以在尿液的表面形成薄膜，适用于尿肌酐、尿糖、蛋白质、丙酮等生化项目的测定；利用乙酸等改变尿液的酸碱性来抑制细菌生长，适用于 24h 尿醛固酮的测定。

3）唾液样品

唾液是由腮腺、颌下腺、舌下腺和口腔黏膜内许多分散存在的小腺体分泌液组成的混合液。唾液的相对密度为 $1.003\sim1.008$，pH 为 $6.2\sim7.6$。如果唾液分泌量增加，则趋向碱性，接近血液 pH。有些药物在唾液中的浓度可以反映游离型药物在血浆中的浓度。在刺激少的安静状态下，漱口后 15min 采集唾液样品，立即测量除去泡沫部分的体积，以 3000r/min 离心分离 10min，取上清液直接测定或冷冻保存。解冻后，为避免误差，应充分搅拌均匀后再测定。

4）组织样品

（1）匀浆化法：在组织样品中加入一定量的水或缓冲液，在刀片式匀浆机中匀浆获得组织匀浆，使被测药物溶解，取上清液萃取。

（2）沉淀蛋白法：在组织匀浆中加入蛋白沉淀剂，沉淀蛋白质后取上清液萃取。

（3）酶水解法：在组织匀浆中加入适量的酶和缓冲液，水浴水解一定时间，待组织液化后，过滤或离心，取上清液萃取。常用酶为枯草菌溶素。

（4）酸水解法或碱水解法：在组织匀浆中加入适量的酸或碱，水浴水解一定时间，待组织液化后，过滤或离心，取上清液萃取。

5）头发样品

一般采集枕部发样 0.05g，使用中性洗涤剂浸泡 10min，弃去洗涤剂，用去离子水漂洗 3 次，用丙酮浸泡并搅拌 10min，再用去离子水漂洗 3 次，干燥并保存于干燥器内。头发样品中待测物的提取方式包括甲醇提取、酸水解、碱水解或酶水解，其中酶水解法较为常用。

1.7　典型事故及紧急处理方法

环境样品分析实验室除了有常规分析实验室的仪器与试剂外，根据科研需要还可能存有各种环境有毒污染物。因此，环境分析实验室除科学规范存放化学试剂外，还应该注意预防安全事故的发生。每一个进入实验室的工作人员、教师及学生都应了解实验室典型事故及其紧急处理或救援方法。

被火焰、蒸汽、电热板等高温物体烫伤时，应立即用大量的冷水冲洗或浸泡烫伤处，从而迅速降温以避免余温持续伤害。轻微烫伤可在烫伤处涂烫伤膏或万金油后包扎；若皮肤起泡，不宜挑破以免感染，可用纱布包扎后送医治疗；更严重的烫伤，如伤处皮肤呈棕色或黑色，应用干燥的消毒纱布轻轻包扎好，尽快送医治疗。

操作人员若不慎吸入有毒或刺激性气体感到不适，应立即离开现场，到空气流通的地方，解开衣领及纽扣，呼吸新鲜空气；严重时应立即送医治疗。

如果皮肤沾染了有毒试剂，先用大量清水冲洗，再按不同情况进行相应处理，必要时到医务室进行处理。酸液或碱液溅入眼中，应立即用大量清水冲洗。若为酸液溅入眼中，水洗后再用1‰碳酸氢钠溶液冲洗；若为碱液，水洗后再用1‰硼酸溶液冲洗。重伤者经初步处理后急送医务室。皮肤若被酸灼伤，先用大量水冲洗再以5％碳酸氢钠溶液或5％氢氧化铵溶液冲洗；若被碱液灼伤，也应先用大量水冲洗，再用2％～5％醋酸冲洗，最后都用水冲洗，再涂上凡士林；若被溴液灼伤，伤处立即用石油醚冲洗，再用2％硫代硫酸钠溶液冲洗，然后用蘸有油的棉花轻擦，再涂上药膏；酚类触及皮肤引起的灼伤，应该用大量水清洗，并用肥皂水冲洗，忌用乙醇。

汞容易由呼吸道进入人体，也可以经皮肤直接吸收而引起积累性中毒。严重中毒的症状是口中有金属气味，呼出气体也有相应气味；流唾液，牙床及嘴唇上有硫化汞的黑色"汞线"；淋巴结及唾液腺肿大。若不慎中毒，应送医急救。急性中毒时，漱口后可进食富含蛋白质的物质（如牛奶或鸡蛋清），并立即送医急救。

溅入口中而尚未咽下的化学试剂应立即吐出来，用大量水冲洗口腔；如吞下，应根据毒物的性质给以解毒剂，并立即送医急救。

实验中若不慎出现火苗，小火及时用灭火毯盖灭，或用灭火器扑灭，发生大火要立即疏散，及时报告；靠近警铃的人员应及时拉响警铃；及时控制火源或其他危险源，必要时组织人员急救。

触电时可按下述方法之一切断电路：①关闭电源；②用干绝缘材料，如木棍等，使导线与受害人分开；③使受害人和土地分开。急救时，施救者必须做好防止触电的安全措施，手和脚必须绝缘。

作为实验室老师或管理人员应做好实验室安全教育及管理工作，规章制度制定完善，管理落到实处；应定期检修水、电、气，防止因管道泄漏、电器老化导致的安全事故。

第二章 无机组分仪器分析

实验 2.1 用氟离子选择电极测定饮用水中的氟

一、实验目的

1. 掌握电位测定法的测定原理及实验方法。
2. 学会正确使用氟离子选择性电极和 pH 计。
3. 了解氟离子选择性电极的基本性能及其使用方法。

二、实验原理

氟离子选择电极是一种以氟化镧（LaF_3）单晶片为敏感膜的传感器。由于单晶结构对能进入晶格交换的离子有严格的限制，故该电极有良好的选择性。将氟化镧单晶掺入微量氟化铕（Ⅱ）以增加导电性，封在塑料管的一端，管内装有 0.1mol/L NaF 溶液和 0.1mol/L NaCl 溶液，以 Ag-AgCl 电极为参比电极，构成氟离子选择性电极，如图 2.1-1 所示。

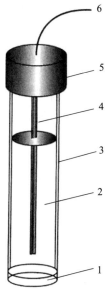

图 2.1-1 氟离子选择性电极结构示意图

1—氟化镧单晶膜；2—内参比电极 [0.1mol/L NaF　0.1mol/L NaCl]；

3—电极支持杆；4—Ag-AgCl 内参比电极；5—电极罩帽；6—导线

用氟离子选择性电极测定水样时，以氟离子选择性电极作指示电极，以饱和甘汞电极作参比电极，组成测量电池，如图 2.1-2 所示。

$$Ag \mid AgCl, [0.1mol/L\ NaF,\ 0.1mol/L\ NaCl], LaF_3单晶 \parallel 氟试液(\alpha_{F^-}) \parallel KCl(饱和), Hg_2Cl_2 \mid Hg$$

图 2.1-2　电池组成示意图

一般离子计上负离子接负极，饱和甘汞电极接正极，电池的电动势（E）随溶液中氟离子浓度的变化而改变，即

$$
\begin{aligned}
E &= \varphi_{SEC} - \varphi_{膜} - \varphi_{Ag-AgCl} + \varphi_a + \varphi_j \\
&= K + RT/F \times \ln\alpha_{(F,外)} \\
&= K + 0.059\ln\alpha_{(F,外)}
\end{aligned}
\tag{2.1-1}
$$

式中，φ_{SEC} 为外参比电极电位，mV；$\varphi_{Ag-AgCl}$ 为内参比电极电位，mV；φ_a 为氟离子的不对称电位，mV；φ_j 为液接电位，mV；R 为气体常数，8.314J·mol·$^{-1}$·K^{-1}；F 为法拉第常数，96485J·mol·$^{-1}$·V^{-1}；$\alpha_{(F,外)}$ 为外接溶液中氟离子浓度，mol/L；0.059 为常温下电极的理论响应斜率；K 与内外参比电极的电位差，与内参比溶液中 F$^-$ 活度有关，当实验条件一定时为常数。

在应用氟离子选择性电极时，应考虑以下几方面的问题：

（1）试液 pH 的影响。用氟离子选择性电极测量 F$^-$ 时，最适宜的 pH 范围为 5.5～6.5。pH 过低，易形成 HF 和 HF$_2^-$，影响 F$^-$ 的活度；pH 过高，OH$^-$ 浓度增大，OH$^-$ 在电极上与 F$^-$ 产生竞争响应，在碱性溶液中，氢氧根离子浓度大于氟离子浓度的 1/10 时就会产生干扰，也易引起单晶膜中 La^{3+} 的水解，形成 La(OH)$_3$，影响电极的响应，如式（2.1-2）所示。故通常用 pH 为 5～6 的缓冲液来控制溶液的进行。常用的缓冲液是 HAc-NaAc 缓冲液。

$$LaF_3 + 3OH^- \longrightarrow La(OH)_3 + 3F^- \tag{2.1-2}$$

（2）消除 Al^{3+}、Fe^{3+}、Th^{3+} 等干扰离子。某些高价阳离子（如 Al^{3+}、Fe^{3+}）及氢离子能与氟离子络合而干扰测定，需加入掩蔽剂如柠檬酸盐（K$_3$Cit）、EDTA 来消除干扰，柠檬酸盐作为掩蔽剂以络合反应与干扰离子 Fe^{3+}、Al^{3+} 结合，从而避免氟铝等络合物的形成。

（3）控制试液的离子强度。为使测定过程中 F$^-$ 的活度系数、液接电位 φ_j 保持恒定，试液需要维持一定的离子强度。通常在试液中加入一定浓度的电解质，如 KNO$_3$、NaCl、KClO$_4$ 等，来控制离子强度，消除标准溶液与被测溶液的离子强度差异，使离子活度系数保持一致。

因此，用氟离子选择性电极测定饮用水中的氟离子含量时，使用总离子强度调节缓冲液（Total Ionic Strength Adjustment Buffer，TISAB）来控制氟电极的最佳使用条件，其组分为 KNO$_3$、K$_3$Cit、HAc、NaAc。

氟离子选择性电极具有测定简便、快速、灵敏、选择性好、可测定浑浊与有色水样等优点，最低检出浓度为 0.05mg/L（以 F$^-$ 计），测定上限可达 1900mg/L（以 F$^-$ 计），适用于地表水、地下水和工业废水中氟化物的测定。

可采用标准加入法。电动势 E 与 $\lg C_{F^-}$ 呈线性关系，根据标准溶液测定，做出 $E\text{-}\lg C_{F^-}$ 标准曲线，从而根据测定的水样的电位，从曲线上求得水样中氟离子的含量。

先测定待测溶液的电动势 E_1，电动势 E_1 按式（2.1-3）计算。然后加入一定量的标准溶液，再次测定电动势 E_2，电动势 E_2 按式（2.1-4）计算。根据两者的关系，测得水样中的氟离子浓度。

$$E_1 = K' - 0.059 \lg C_x \tag{2.1-3}$$

$$E_2 = K' - 0.059 \lg\left(\frac{C_x V_0 + C_s V_s}{V_0 + V_s}\right) \tag{2.1-4}$$

式（2.1-3）、(2.1-4)中，K' 为电对的电极电势；C_x 为待测溶液的浓度，mg/L；V_0 为待测溶液的体积，mL；C_s 为加入标准溶液的浓度，mg/L；V_s 为加入标准溶液的体积，mL。

由于 $V_a \ll V_x$，可认为标准溶液加入前后的其余组分基本不变，离子强度基本不变，故水样试液中氟离子浓度为式（2.1-5）：

$$C_F = \frac{C_S V_S}{V_X}\ (10^{\Delta E/S} - 1)^{-1} \tag{2.1-5}$$

式（2.1-5）中，$\Delta E = E_2 - E_1$，待测溶液在使用标准加入法前后的电动势差值；S 为电极响应斜率，理论值为 $2.303\,RT/nF$，与实际值有一定差异。为避免引入误差，可由计算校准曲线的斜率求得。

三、仪器和试剂

1. 仪器

pH 计，型号为 PHS-3B；恒温电磁搅拌器；氟离子选择性电极；饱和甘汞电极；1mL、5mL、10mL 吸量管；25mL 移液管；50mL、100mL 烧杯；50mL、100mL、1000mL 容量瓶；胶头滴管；洗耳球；滤纸；镊子。

2. 试剂

0.100mol/L 氟离子标准溶液：称取 2.100g NaF（已在 120℃ 烘箱中烘干 2h 以上），放入 500mL 烧杯中，加入 300mL 去离子水溶解后转移至 500mL 容量瓶中，用去离子水稀释至刻度，摇匀，保存于聚乙烯塑料瓶中备用。

TISAB 柠檬酸钠缓冲溶液：将 102g KNO_3、83g NaAc、32g K_3Cit 放入 1L 烧杯中，再加入冰醋酸 14mL，用 600mL 去离子水溶解，溶液的 pH 应为 5.0～5.5，如超出此范围，应该用醋酸或 NaOH 调节，调节好后加入去离子水至总体积 1L。

四、实验步骤

本实验采用标准曲线法和标准加入法测定自来水中的氟离子含量。

1. 氟离子选择性电极的准备

将氟离子选择性电极浸在 1×10^{-4} mol/L 的 F^- 溶液中浸泡（活化）约 30min。然后取出去离子水 50～60mL 置于 100mL 烧杯中，放入搅拌磁子，插入氟离子选择性电极和饱和甘汞电极。开启搅拌器，2min 后，若读数大于 −300mV，则更换去离子水，继续清洗，直至读数小于－300mV。若氟离子选择性电极暂不使用，宜干放。

2. 预热及电极安装

将 pH 计调至"mV"挡，将氟离子标准溶液和甘汞电极分别与 pH/mV 计相接，开启仪器开关，预热仪器。

3. 标准曲线法

1）标准系列溶液的配制及测定

取 5 个 50mL 容量瓶，在第一个容量瓶中加入 10mL TISAB 溶液，其余加入 9mL TISAB 溶液。用 5mL 移液管吸取 5.0mL 0.1mol/L 的 NaF 标准溶液，放入第一个容量瓶当中，加去离子水至刻度，摇匀即得 1.0×10^{-2} mol/L 的 F^- 溶液。然后逐一稀释配制 $2 \times (10^{-3} \sim 10^{-6})$ mol/L 的 F^- 溶液。用待测的标准溶液润洗塑料烧杯和搅拌磁子 2 遍。用干净的滤纸轻轻吸附沾在电极上的水珠。将剩余的氟水样全部倒进塑料烧杯中，放入搅拌磁子，插入洗净的电极进行测定。待读数稳定后，读取电位值。按顺序从低浓度至高浓度依次测量，每测量一份试样，均无须清洗电极，只需用滤纸轻轻沾去电极上的水珠。将测量结果列表记录。

2）水样中氟离子含量的测定

取氟水样 25.00mL 于 50mL 容量瓶中，加入 5.00mL 柠檬酸盐缓冲液，用去离子水稀释至刻度，摇匀，待测。用少许氟水样润洗塑料烧杯和搅拌磁子 2 遍。用干净的滤纸轻轻吸附沾在电极上的水珠。将剩余的氟水样全部倒进塑料烧杯中，放入搅拌磁子，插入洗净的电极进行测定。待读数稳定后，读取电位值。计算水样中的氟离子的含量（mg/L）。

4. 标准加入法

取 2 个 100mL 容量瓶，分别加入 20mL TISAB 溶液，其中一个容量瓶用自来水稀释至刻度，摇匀后倒入 50mL 的干燥烧杯中，测定电位值 E_1。

向另一个容量瓶中加入 1.00mL 浓度为 2×10^{-3} mol/L 的 F^- 标准溶液，用自来水稀释至刻度，摇匀后倒入 50mL 的干燥烧杯中，测定电位值 E_2。

计算自来水的含量，用 mg/L 表示。

思考题

1. 氟离子选择性电极在使用时应注意哪些问题？
2. 为什么要清洗氟电极，使其响应电位值仪器显示电位值的绝对值为－370mV？
3. 柠檬酸盐在测定溶液中起什么作用？

实验 2.2　离子色谱法测定水中 F^-、Cl^-、NO_3^-、NO_2^-、SO_4^{2-}

一、实验目的

1. 学习离子色谱法的分离和检测原理。

2. 了解离子色谱仪的使用方法。

3. 通过测定水样中的几种常见阴离子，了解离子色谱法进行定性、定量分析的方法。

二、实验原理

离子色谱法是目前我国水域、大气、土壤等生态环境监测中对离子和离子型化合物的主要分析方式。作为环境监测中的重要检测方法，目前采用离子色谱法分析的主要是大气和水域中的阴离子或阳离子。本实验采用离子色谱法测定水样中的主要阴离子（F^-、Cl^-、NO_3^-、NO_2^-、SO_4^{2-}）。

实验中填充离子交换树脂的分离柱是离子色谱的关键部分。在柱内，待测阴离子在 HCO_3^-（对阴离子交换一般采用 $NaHCO_3 - Na_2CO_3$ 为洗提液）洗提液的携带下，在树脂上发生式（2.2-1）所示的交换反应：

$$X^- + HCO_3^- N^+ R - 树脂 \Longleftrightarrow X^- N^+ R - 树脂 + HCO_3^- \qquad (2.2\text{-}1)$$

其交换平衡常数见式（2.2-2）：

$$K = \frac{\left[X^- N^+ R - 树脂\right]\left[HCO_3^-\right]}{\left[HCO_3^- N^+ R - 树脂\right]\left[X^-\right]} \qquad (2.2\text{-}2)$$

式中，X^- 为待测的溶质阴离子，它与树脂的作用力大小取决于自身的半径大小、电荷的多少及形变能力。因此，不同的离子被洗提的难易程度不同，一般阴离子洗提的顺序为：F^-、Cl^-、NO_3^-、NO_2^-、SO_4^{2-}。

离子色谱仪采用电导检测器。溶液在进入电导池之前流入纤维薄膜再生抑制柱，该薄膜仅允许阳离子渗透。分离柱出来的溶液由薄膜内流过，膜外以逆流方式通过一定浓度的硫酸。这样，Na^+、H^+ 分别透过薄膜，HCO_3^- 及 CO_3^{2-} 被中和，见式（2.2-3）和式（2.2-4）：

$$HCO_3^- + H^+ \longrightarrow H_2CO_3 \qquad (2.2\text{-}3)$$

$$CO_3^{2-} + 2\,H^+ \longrightarrow H_2CO_3 \qquad (2.2\text{-}4)$$

碳酸的离解度很小，其电导率很低，所以通过电导池的溶液主要显示待测离子的电导率。检测数据由计算机工作站记录流出曲线及相关数据。

三、仪器和试剂

1. 仪器

ICS-2000 离子色谱仪；AS9-SC 分析柱；AG9-SC 保护柱；100mL、500mL 容量瓶；1mL 移液管；滤膜（水相，$0.45\mu m$）。

2. 试剂

NaF（分析纯）；NaCl（分析纯）；NaNO$_3$（分析纯）；Na$_2$CO$_3$（分析纯）；K$_2$SO$_4$（分析纯）；NaNO$_2$（分析纯）；NaHCO$_3$（分析纯）；自来水样。

四、实验步骤

1. 1000μg/mL 标准溶液的配制：分别准确称取 0.2210gNaF、0.1648gNaCl、0.1371gNaNO$_3$、0.1814gK$_2$SO$_4$ 和 0.1499gNaNO$_2$，用超纯水分别于 100mL 容量瓶中配成浓度为 1000μg/mL 的标准溶液。

2. 混合标准溶液的配制：分别移取 1000μg/mL 的 F$^-$ 标准溶液 2.5mL、Cl$^-$ 标准溶液 5mL、NO$_3^-$ 标准溶液 20mL、SO$_4^{2-}$ 标准溶液 25mL、NO$_2^-$ 标准溶液 10mL 于 500mL 容量瓶中，用超纯水稀释至刻度，即为含 F$^-$ 5μg/mL、Cl$^-$ 10μg/mL、NO$_3^-$ 40μg/mL、SO$_4^{2-}$ 50μg/mL、NO$_2^-$ 20μg/mL 的混合标准溶液。

3. 进混合标准溶液试样，绘制 F$^-$、Cl$^-$、NO$_3^-$、NO$_2^-$、SO$_4^{2-}$ 标准曲线。

4. 进自来水样，测定 F$^-$、Cl$^-$、NO$_3^-$、NO$_2^-$、SO$_4^{2-}$ 含量（mg/L），平行测定三次。

测定条件为进样量 50μL；洗提液流速 2mL/min；电导灵敏选择 10～30μS。

五、数据记录及结果处理

采用标准曲线法，数据列于表 2.2-1。

表 2.2-1　实验数据记录及结果处理

项目	标准溶液					待测样品		
	1	2	3	4	5	1	2	3
峰面积或者峰高								
阴离子浓度（μg/mL）								

注意事项：
(1) 色谱柱用淋洗液保存，不能用水冲洗。
(2) 样品需经过 0.45μm 滤膜过滤后再进样。
(3) 每星期至少开机一两次，每次冲洗 1～2h。
(4) 色谱柱、抑制柱长时间不用需卸下，并用死堵头堵上。

思考题

1. 离子色谱仪的工作原理是什么？
2. 离子色谱仪如何抑制 NaHCO$_3$-Na$_2$CO$_3$ 洗提液的电导？

实验2.3　用火焰原子吸收法测定水中钙和镁的含量

一、实验目的

1. 通过对钙最佳测定条件的选择，了解与火焰性质有关的一些条件参数及其对钙测定灵敏度的影响。

2. 了解火焰原子吸收分光光度计的基本结构与原理。

3. 掌握火焰原子吸收光谱分析的基本操作，加深对灵敏度、准确度、空白等概念的认识。

二、实验原理

火焰原子吸收光谱分析主要用于定量分析，它的基本原理是：将一束特定波长的光投射到被测元素的基态原子蒸汽中，原子蒸汽对这一波长的光产生吸收，未被吸收的光则透射过去。在一定浓度范围内，被测元素的浓度（c）、入射光强（i_0）和透射光强（i_t）三者之间的关系符合 Lambert-Beer 定律：

$$i_t = i_0 \times (10^{-abc}) \tag{2.3-1}$$

式中，a 为被测组分对某一波长光的吸收系数；b 为经过的火焰的长度。

根据这一关系，可以用校准曲线法或标准加入法来测定未知溶液中某元素的含量。

钙是火焰原子化的敏感元素。测定条件的变化，如助燃比、测光高度（也称为燃烧器高度）、干扰离子的存在等因素，都会严重影响钙在火焰中的原子化效率，从而影响钙的测定灵敏度。

原子化效率是指原子化器中被测元素的基态原子数目与被测元素所有可能存在状态的原子总数之比。在火焰原子吸收法中，决定原子化效率的主要因素是被测元素的性质和火焰的性质。电离能、解离能和结合能等物理化学参数的大小决定了被测元素在火焰的高温和燃烧的化学气氛中电离、解离、化合的难易程度。而燃气、助燃气的种类及其配比决定了火焰的燃烧性质，如火焰的化学组成、温度分布和氧化还原性等，它们直接影响着被测元素在火焰中的存在状态，因此在测定样品之前应对测定条件进行优化。

三、仪器和试剂

1. 仪器

TAS-986 型原子吸收分光光度计；50mL 比色管 8 支；100mL 容量瓶 1 个；5mL 分度吸量管 2 支；50mL 小烧杯 2 个；乙炔钢瓶；空气压缩机。

2. 试剂

（1）钙标准储备溶液（1000mg/L）：准确称取 105～110℃ 烘干过的碳酸钙（$CaCO_3$，优级纯）2.4973g 于 100mL 烧杯中，加入 20mL 水，小心滴加硝酸溶液至溶解，再多加 10mL 硝酸溶液，加热煮沸，冷却后用水定容至 1000mL。

（2）镁标准储备液（1000mg/L）：准确称取 800℃灼烧至恒重的氧化镁（MgO，光谱纯）0.3658g 于 100mL 烧杯中，加 20mL 水，滴加硝酸溶液至完全溶解，再多加 10mL 硝酸溶液，加热煮沸，冷却后用水定容至 1000mL。

（3）钙镁混合标准使用液（100μg/mL）：准确吸取钙标准储备液和镁标准储备液各 5.0mL 于 100mL 容量瓶中，加入 1mL 硝酸溶液，用水稀释至标线。

（4）镧溶液（10mg/mL）：若去离子水的水质不好，会影响钙的测定灵敏度和校准曲线的线性关系，加入适量的镧可消除这一影响。

四、实验步骤

1. 配制标准溶液。用分度吸量管取一定体积的 100μg/mL 的 Ca^{2+} 标液于 25mL 比色管中，用去离子水稀释至 25mL 刻度处，其浓度应为 10μg/mL。分别向 6 支 10mL 比色管中加入一定体积的 10μg/mL 的 Ca^{2+} 标液，用去离子水稀释至 10mL 刻度处，摇匀，配制成浓度分别为 0、2μg/mL、4μg/mL、5μg/mL、8μg/mL、10μg/mL 的 Ca^{2+} 标准系列溶液，用于制作标准曲线。

2. 配制自然水样溶液。准确吸取 5mL 自来水样于 2 个 100mL 容量瓶中，用蒸馏水定容，摇匀。

3. 根据实验条件，将原子吸收分光光度计按仪器操作步骤进行调节，待仪器电路和气路系统稳定且基线平直时，即可进样。测定标准系列和自来水样的吸光度值。

思考题

1. 火焰原子吸收法的基本原理是什么？

2. 火焰原子吸收法为何要用待测元素的空心阴极灯？能用氢灯和氘灯代替吗？为什么？

3. 如何选择最佳的实验条件？

实验 2.4　水中痕量镉、汞的原子荧光光谱分析

一、实验目的

1. 掌握用原子荧光光谱测定痕量镉、汞的基本原理和方法。
2. 掌握原子荧光分光光度计的构造和操作。

二、实验原理

镉和汞均是具有蓄积作用的有害元素，因此监测各类环境样品中的镉和汞的含量、控制人体内镉和汞的摄入量是控制其危害的重要预防措施。

将待测元素转化为气态，从而与基体分离的蒸汽发生技术和原子光谱法联用能提高测定的灵敏度。待测元素与共存基体分离，又可在一定程度上消除分析吸收或光散射引起的非特征光损失和其他共存元素的干扰，但目前其仅局限于少量元素的测定。因此，对蒸汽发生技术进一步研究，以扩大其测定元素范围，成为原子光谱研究中的一个重要领域。

三、仪器与试剂

1. 仪器

（1）AFS-230E 双道原子荧光分光光度计，附带断续流动全自动进样器；
（2）AS-2 镉高性能空心阴极灯；
（3）AS-2 汞高性能空心阴极灯；
（4）高纯氩气钢瓶（作为屏蔽气及载气）。

2. 试剂

盐酸（优级纯）；5g/L 氢氧化钠溶液；15g/L 硼氢化钠溶液（称取 1.5g 硼氢化钠溶解于 5g/L 氢氧化钠溶液中，并稀释至 100mL）；50g/L 铁氰化钾溶液；50g/L 硫脲溶液；1000mg/L［GBW(E)080531］镉标准溶液，由全国化工标准物质委员会标准物质研究开发中心研制；100μg/L 镉标准使用液；1000mg/L(GBW08617) 汞标准溶液，由国家标准物质研究中心研制；20μg/L 汞标准使用液；0.30mol/L 盐酸；15g/L 硼氢化钠。

本法所用试剂皆用超纯水（美国 Millipore 公司）配制，实验所用玻璃器皿均用硝酸（20%）浸泡过夜处理。

四、实验步骤

1. 实验方法

1）仪器条件。光电倍增管负高压：280V；灯电流：镉灯 60mA、汞灯 20mA；原

子化器高度：9mm；载气流速：500mL/min；屏蔽气流速：800mL/min；积分方式为峰面积；延迟时间：2s；读数时间：15s。

2）标准曲线。分别吸取 100μg/L 镉标准溶液和 20μg/L 汞标准溶液 0、1.0mL、2.0mL、3.0mL、4.0mL、5.0mL 于 50mL 容量瓶，加入 1.25mL 盐酸，加入 50g/L 铁氰化钾溶液 2mL、50g/L 硫脲溶液 5mL，用超纯水定容至刻度，摇匀。分别配制含镉浓度为 0、2μg/L、4μg/L、6μg/L、8μg/L、10μg/L，含汞浓度为 0、0.4μg/L、0.8μg/L、1.2μg/L、1.6μg/L、2.0μg/L 的混合标准系列。

2. 仪器参数的选择

1）光电倍增管负高压的选择。随着负高压的增加，相对荧光强度也增加，但信号和噪声水平也同时增加，因此在满足检测灵敏度要求的情况下，尽可能选择较低的负高压。本方法选择负高压为 280V。

2）灯电流的选择。随着灯电流的增加，荧光强度也相应增强，但过大的灯电流会缩短灯的寿命，还可能产生自吸收。本方法选择镉灯电流为 60mA，汞灯电流为 20mA。

3）镉和汞荧光强度积分方式和时间的选择。仪器对镉荧光强度的测量方式可以根据情况选择峰高或峰面积积分。本方法选择峰面积积分方式，这有利于将氢化物发生、传输过程中不稳定因素带来的测定波动降至最低，提高镉的测定精度。通过实验发现，镉的峰值在 2s 时开始升至最高，汞的峰值在 1s 时已达最高，综合两元素同时测定条件考虑，本方法选择延迟读数时间为 2s，积分时间为 15s。

4）电炉丝是否点火加热的确定。一般情况下，通过加热方式来进行原子化。研究表明，镉的蒸汽产生后，在不加热的情况下就已经开始原子化，电炉丝未点火加热也能测定，这点和汞的测定相同，但在点火加热原子化时，记忆效应明显减少。最终本方法选择点火加热进行原子化。

5）原子化器高度的选择。分别将原子化器高度调至 7～12mm 后测定镉和汞标准溶液的荧光强度。实验结果表明，镉元素在原子化器高度为 8～9mm 时荧光强度最大，汞元素在原子化器高度为 10～12mm 时荧光强度最大。综合镉和汞同时测定因素考虑，本方法选择原子化器高度为 9mm。

6）屏蔽气及载气流速对荧光强度的影响。分别将载气流速调至 300～700mL/min，将屏蔽气流速调至 500～1100mL/min，测定镉和汞标准溶液的荧光强度。实验结果表明，载气流量过大会稀释原子化器内待测元素的浓度，导致荧光强度减小；而载气流量过小，火焰则不稳定。综合考虑后，最后确定采用载气、屏蔽气流量分别为 500mL/min 和 900mL/min。

思考题

1. 比较原子吸收分光光度计和原子荧光分光光度计在结构上的异同点。

2. 水中的痕量镉和汞为什么能同时进行测定？

实验 2.5　电感耦合等离子体发射质谱法半定量分析土壤消解液中的重金属元素

一、实验目的

1. 进一步理解原子质谱的基本原理及应用特点。
2. 熟练掌握 Agilent 7700 电感耦合等离子体发射质谱仪的基本操作。
3. 掌握半定量分析的概念与应用。
4. 学会使用电感耦合等离子体发射质谱仪进行样品中未知元素的半定量分析。

二、实验原理与仪器结构

电感耦合等离子体发射质谱仪不仅可以用于痕量及超痕量金属的全定量分析，其半定量分析的功能对于未知样品的分析在检测及科研领域也有广泛的应用。ICP-MS 扫描样品，每种元素（同位素）的相对计数值（单位浓度的计数值）都有一定的比例模式。因此，利用已知浓度元素的相对计数值可以绘制出其他元素响应值的指纹图谱，从而得到样品中已知元素和未知元素的组成及大致含量。半定量分析虽然准确度比全定量分析稍差，但仍具有相当的准确度，且简单、迅速、费用低。半定量分析主要用于以下几种情况：①期望先获得样品的主要组成及大致含量，以便进一步选择合适的精确定量分析方法；②分析通量高，准确性要求不高；③样品量少，目标元素多，需要尽量减少样品使用量；④只有部分目标元素的标准溶液。

半定量分析是样品定量分析之前的有益预分析项，可以帮助判断样品中所含元素的种类及估算待测元素的浓度范围，帮助选择后续的分析方法。特别是对于未知性质的环境样品，通过半定量分析可以快速有效地判断样品中有毒有害元素的浓度级别，推进下一步的分析研究。

在 ICP-MS 中，样品通过蠕动泵提升，雾化器雾化，在氩气等离子焰中蒸发、解离、原子化并电离形成一价阳离子，即提供能被质谱检测的离子。由于氩的第一电离能高于绝大部分元素的第一电离能，低于第二电离能，因此绝大部分金属元素在氩等离子体中形成的离子是一价阳离子，这对于金属元素的定性定量是十分有利的。产生的一价阳离子进入 MS 部分后经四极杆质量分析器分离，由检测器检测计数后得到待测元素的响应信号，分析流程示意图如图 2.5-1 所示。ICP-MS 的质谱响应信号通常用每秒计数值（counts per second，CPS）来表示。根据质谱检测器扫描到的离子的质荷比可对样品中的金属元素进行定性，在一定范围内样品中待测元素的浓度与该元素离子的 CPS 值成正比，该函数关系可用于待测元素的定量分析。

三、实验条件

1. 仪器设备

电感耦合等离子体发射质谱仪（Agilent 7700）循环冷却水仪；氩气钢瓶（氩气纯

度＞99.999%）；抽湿设备；通风设备等。

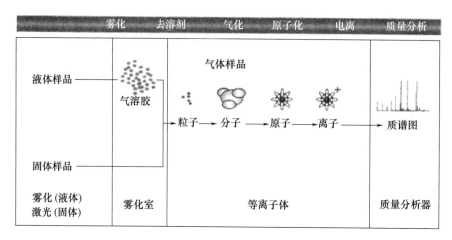

图 2.5-1　ICP-MS 分析流程示意图

2. 试剂与样品

超纯水（Millipore），硝酸（优级纯），盐酸（优级纯）。

自动进样器洗针液：2%硝酸、0.5%盐酸混合溶液（V/V）。取硝酸 20mL、盐酸 5mL，用去离子水稀释定容至 1000mL，用于系统清洗及自动进样器洗针。

金属元素混标储备液：ICP-MS 用金属元素混标（含 1000μg/L As、Al、Ba、Be、Bi、B、Cd、Ca、Cr、Co、Cu、Fe、Pb、Li、Mg、Mn、Ni、P、K、Se、Na、Sr、V、Zn）。

土壤消解液：土壤标准样品（西藏）的土壤消解液（由于实验时间限制，样品预处理工作由教师提前完成，实验课提供的样品可直接上机分析）。

3. 测试参数

以 Agilent7700 型电感耦合等离子体发射质谱仪为例（不同仪器型号、不同性质样品应重新确定实验条件）。主要参数如下：功率 1500W，采样深度 7.0mm，载气流速 0.75L/min，补偿气体流速 0.30L/min，蠕动泵转速 0.1r/s，氦气流速 4.0mL/min。

四、实验步骤

1. 标准溶液的配制

用移液器取 5mL 金属元素混标储备液于 100mL 的容量瓶中，加入 1mL 硝酸，再用超纯水稀释至刻度线摇匀。此标准溶液中各重金属元素的含量均为 50μg/L。另取超纯水用于仪器背景值分析。

2. 仪器准备

（1）开启仪器电源，待仪器自检完成后打开电脑软件，点击"Vaccum om"（抽真空）按钮，约半小时后真空度达到分析要求，仪器状态由"Shut Down"（关闭）变为"Standby"（待机），准备点燃等离子体分析样品。通常，实验室的质谱仪都会保持常开状态，因此该部分工作可由教师提前准备好。

（2）打开通风设备，打开氩气、氦气钢瓶，氩气分压调至 0.7MPa，氦气分压调至 0.08MPa，打开循环冷却水主面板上的开关，打开自动进样器电源，准备好洗针液。安装蠕动泵进样管、废液管及内标管（注意方向），内标管一头连进样四通，一头插入内标液；进样管一头连自动进样器，一头连进样四通；废液管一头接雾化室废液口，一头插入废液桶。将标样和样品按顺序放置到自动进样器的样品盘上。双击打开"ICP MS Top"软件。

（3）认识仪器主要功能及状态。软件常用功能窗口包括 Instrument Control（仪器控制）、Tuning（调谐）、Data Acquisition（数据采集）、Data Analysis（数据分析）等。打开仪器状态面板界面，在窗口顶端中部显示仪器状态。仪器共有 3 个状态，分别为："Analysis（Reaction）"（分析状态），调谐或样品分析；"Standby"（待机状态），真空开启，未点火；"Shut down"（真空关闭）。

半定量不考虑碰撞反应消除干扰，无须吹扫碰撞反应池。

3. 编制分析方法

（1）方法信息。从"Methods"（方法）菜单中选择"Edit Entire Method"（编辑完整方法），启动一系列对话框编辑方法参数。填写"Method Information"（方法信息）和"Method Comments"（方法注释），点击"OK"。干扰方程选择"none"。在"Acquisition mode"（采集模式）中选择"Spectrum"（质谱）采集模式，点击"OK"，进入"Spectrum Acquisition Parameters"（质谱采集参数）窗口。

（2）质谱采集信息。选择测试元素，元素周期表中逐一点击选取，也可以质量轴上拉取所测元素。注意所选元素必须包括标样中已有的准备用于半定量拟合的所有元素以及标样中没有但需要通过实验获得半定量结果的全部元素。"peak pattern"（峰状态）选择"semi Quant"（半定量）模式，对于半定量分析，每个数据点的积分时间 0.1s 即可；"acquisition time"（采集时间）中设置采集次数，半定量通常采集次数为 1。所有信息输入完毕后，点击"OK"。根据需要设定洗针程序。

（3）方法保存。出现"Method Save Options"（方法保存选项）窗口，在"Alert when Method is Overwritten"（提示文件名重复）前打钩，点击"OK"。在"Save Method As"（方法另存）的窗口选择保存路径，输入方法名称。

4. 编制分析序列

（1）序列信息。从"ICP-MS TOP"窗口的"Sequence"（序列）菜单中选择"Edit Sample Log Table"（编辑样品信息表）。打开序列编辑表，序列必填信息包括"Method"（方法名）、"Type"（样品类型）、"Vial"（样品瓶位置）、"Sample"（样品名称）、"Dil/lel"（稀释倍数/浓度级别）等。

（2）序列编制。双击打开"Select Method"（选择方法）对话框选择已经编辑好的分析方法，"Type"（样品类型）列标样空白选择"Stdblk"（标准空白），标样选择"Std"（标准），样品则选择"Sample"（样品），根据实验要求，按先后设置 1 个标样空白、4 个标样、2 个样品，样品后面再加 1～2 个空白（超纯水）清洁系统，类型仍为"Sample"（样品）。

"Vial"（样品瓶位置）指标样和样品的位置，根据标样和样品摆放的实际位置进行设定。Vial 编号由 4 位数组成，左边第一位表示样品架的位置，左边第二位表示在该样品架中的第几列，后两位数表示在该列中的位置。

"Sample"（样品名称）列填写标样和样品的名称，由数字和字母组成。

"Dil/lel"（稀释倍数/浓度级别）列对样品来说填写稀释倍数，对标样来说填写浓度级别。

"type"（样品类型）及顺序按实验要求依次设置采集仪器背景噪声（超纯水），标样（50μg/L 标准溶液，SQStd 半定量标准溶液），样品空白（如果有，SQBlk 半定量标准空白）及样品（Sample）。

（3）序列编写完成后，点击"OK"，关闭序列编写窗口。从"ICP-MS"窗口的"Sequence"（序列）菜单中选择"Save"（保存），保存新建的序列。

5. 点燃等离子体

点火前"purge"（吹扫）氩气管路。选择"Instrument Control"（仪器控制）窗口的"Maintainace"（维护）菜单，打开"Sample Introduction"（样品引入）对话框，在"open Ar by-pass valve"（打开旁通阀）选项前打钩，"Gas Select"（气体选择）选"Make up"（补偿气），"Enable temp Control"（温度控制）选择打钩，"Plasma Gas"（等离子气体）15L/min，"carrier Gas"（载气）1.0L/min，"Aux Gas"（辅助气）1.0L/min，"Purge"（吹扫）氩气管路 1~2min。关闭"Sample Introduction"（样品引入）窗口，选择"Plasma"（等离子体）菜单，点击"Plasma On"（点燃等离子体）。1~2min 后，等离子体点燃。待等离子体稳定，雾化器半导体制冷也稳定在 2℃时可进行样品分析。通常稳定时间 20min 左右。

6. 样品分析

从"Sequence"（序列）菜单中选择"Load and Run"（调用及运行），选择要运行的序列，点击"OK"，在"start sequence"（开始运行序列）窗口的"Data Batch Directory"（数据批处理目录）后选择数据"Batch"（批处理）文件夹的保存位置并输入名称，注意末尾加"\"。点击"run sequence"（运行序列）按钮开始运行。此时窗口出现"ICPMS－Acquisition"（ICPMS 信号采集）窗口，显示实时序列运行状态。自动进样针启动，开始进样分析。

7. 结束实验关机

样品分析完成后选择"Instrument Control"（仪器控制）窗口，选择"Plasma"（等离子体菜单），点击"Plasma Off"（熄灭等离子体）关炬（注意，请勿关闭真空和仪器电源），仪器状态变回"standby"（待机）。从"ALS"菜单中选择"Home"（返回）命令，将自动进样针归位。松开蠕动泵进出水及内标管。关闭氩气与氦气钢瓶总阀，关闭循环冷却水，关闭通风系统。

五、实验结果与数据处理

1. 原始数据记录

详细记录实验条件、实验步骤、实验参数及原始测试结果。

2. 数据处理与讨论

（1）课内软件处理数据

分析完成后，可以利用软件进行自动数据处理。

点击"ICP-MS TOP Data Analysis"（数据分析）菜单或电脑桌面的"Office Data Analysis"（脱机数据处理）图标，进入数据处理窗口。选择"File"（文件）菜单点击"Open Analysis File"（打开分析文件）命令，打开数据文件，调出数据。选择"DA Method"（数据分析方法），点击"Edit"（编辑）命令，进入数据分析方法编辑器。在页面左侧第一列"Method Development Tasks"（方法开发任务）中选择"set up basic information"（设置基础信息）中的"Data Analysis Method"（数据分析方法），在"Data Analysis Method"（数据分析方法）中选择"Semi Quant Analysis"（半定量分析），将"Analysis Mode"（分析模式）设置为"Spectrum"（质谱），并在"Information Correction"（干扰校正）框中选择校正方法，选择扣除仪器背景噪音，选择是否使用干扰方程。选择标样中的元素，输入标样元素浓度，点击"return to Batch-at-Glance"（返回批处理），"update"（更新）方法，回到数据界面。点击"Process Batch"（运行批处理），"Batch Table"（批处理表格）数据表中即会列出各元素的半定量响应结果及未知样品浓度。

分析结束，退出前保存文件。

（2）课后数据处理

由于半定量分析需要借助软件拟合，课后无须重新处理数据，只需将软件得到的实验结果整理讨论即可。

六、注意事项

1. 半定量已知元素的选择

半定量分析是利用已知同位素的响应值来建立响应曲线。建议已知同位素应覆盖质量轴的低、中、高各质量范围，且已知同位素种类越多，响应值曲线越准确，半定量分析结果也越准确。

2. 半定量分析的准确度

本实验是按最基本的半定量分析流程设计的，因此没有考虑实际样品分析中可能存在的基体对半定量分析结果的影响。半定量分析对准确度的要求相对全定量分析来说要低一些，大部分元素的结果偏差在30％以内，部分偏差在一个数量级也可以接受。

如果样品基体特别复杂，或希望能得到更准确的半定量结果，可以在半定量分析方法中引入标准参考物质，一种或多种参考元素或内标元素，也可以使用碰撞池技术降低或者消除大直径离子及多原子离子的干扰。

3. 土壤样品的处理方法

环境监测中，常会检测土壤中重金属的含量。实际土壤样品成分很不均匀，且往往会含有石块、砂砾、枯枝、树叶等杂物。所以处理土壤样品的第一步是制备样品，即去除样品中的明显杂物，干燥、研磨、过筛后得到颗粒粒径为100～200目干燥均匀的土壤样品。制备好的样品方可进行下一步消解。

土壤消解的方法有很多，如电热板消解、微波消解、干灰化法等。根据测定元素的不同，可选的消解体系也很多。《土壤和沉积物 汞、砷、硒、铋、锑的测定 微波消解/原子荧光法》（HJ 680—2013）发布了土壤和沉积物中汞、砷、硒、铋、锑的微波消解方法，该方法使用6ml HCl 和2mL HNO_3 组成的王水体系消解土壤，《土壤质量 铅、镉的测定 石墨炉原子吸收分光光度法》（GB/T 17141—1997）中土壤中铅、镉则采用 HCl、HNO_3、HF、$HClO_4$ 的四酸溶液法提取，也可参考国际通用的消解方法，如美国国家环境保护局（EPA）的方法，见表 2.5-1。无论分析过程采用什么方法，都建议用标准土壤样品作为质控样，以保证样品分析的准确度和精确度。

表 2.5-1　EPA 提供的土壤消解方法及适用情况

序号	方法编号	消解体系	消解方法	测定元素	适用仪器
1	3050B	重复加入 HNO_3，H_2O_2 溶解，而后加入 HCl	强酸加热回流溶解（不完全消解）	Ag、Al、As、B、Ba、Be、Ca、Cd、Co、Cr、Cu、Fe、Hg、K、Mg、Mn、Mo、Na、Ni、Pb、Sb、Se、Sr、Tl、V、Zn 等	FLAA、ICP-AES
2	3050B	重复加入 HNO_3，$H2O_2$	强酸加热溶解（不完全消解）	As、Be、Cd、Co、Cr、Fe、Mo、Pb、Se、Tl 等	GFAA、ICP-MS
3	3052	9mLHNO_3，3mLHCl	微波消解（完全消解）	Ag、Al、As、B、Ba、Be、Ca、Cd、Co、Cr、Cu、Fe、Hg、K、Mg、Mn、Mo、Na、Ni、Pb、Sb、Se、Sr、Tl、V、Zn 等	FLAA、CVAA、GFAA、ICP-AES、ICP-MS 等

思考题

1. 什么是半定量分析？
2. 为了提高环境样品半定量分析的准确度，可采取哪些措施？
3. 根据实验结果简单分析土壤样品中重金属元素含量的特点。
4. 试将实验结果与土壤标准值进行比较，讨论 ICP-MS 半定量分析的特点及用途。

实验2.6　合金材料的电感耦合等离子体原子发射光谱全分析

一、实验目的

1. 了解电感耦合等离子体原子发射光谱分析仪的基本结构、工作特点及光源的工作原理。

2. 掌握等离子体原子发射光谱分析仪对样品的要求。

3. 掌握等离子体原子发射光谱分析仪的基本操作及软件的基本功能。

4. 掌握电感耦合等离子体发射光谱分析法的定性定量方法。

二、实验原理

原子发射光谱分析仪（Atomic Emission Spectrometry，AES）是根据受激发物质所发射的光谱来判断其组成的设备。气态中处于基态的原子，当受外能（热能、电能等）作用时，核外电子跃迁至较高的能级，处于激发态。激发态原子不稳定，当原子从高能级跃迁至低能级或基态时，多余的能量以辐射的形式释放出来，形成线光谱。因此，原子发射光谱是由原子外层电子从激发能级向低能级跃迁时产生的。由于各种元素的原子能级结构不同，每一种元素的原子被激发后，只能辐射出某些特定波长的光谱线，这些光谱线是该元素的特征谱线。利用原子发射光谱谱线的波长与强度，就可以进行定性和定量分析。与定性有关的物理量主要是光谱线的波长，与定量有关的物理量主要是光谱线的强度。

原子发射光谱分析已有一个多世纪的悠久历史。原子发射光谱分析的进展，在很大程度上依赖于激发光源的改进。到了 20 世纪 60 年代中期，Fassel 和 Greenfield 分别报道了各自取得的重要研究成果，创立了电感耦合等离子体（Inductively Coupled Plasma，ICP）原子发射光谱（ICP-AES）新技术，这在光谱化学分析上是一个重大的突破，从此，原子发射光谱分析技术再次进入一个崭新的发展时期。图 2.6-1 所示为 ICP-AES 仪器的结构简图及工作流程。

电感耦合等离子体原子发射光谱分析仪是将射频发生器提供的高频能量加到感应耦合线圈上，并将等离子炬管置于该线圈中心，因而在炬管中产生高频电磁场，用微电火花引燃，使通入炬管中的氩气电离，产生电子和离子而导电，导电的气体受高频电磁场作用，形成与耦合线圈同心的涡流区，强大的电流产生高热，从而形成火炬形状并可以自持的等离子体。由于高频电流的"趋肤效应"及内管载气的作用，等离子体呈环状结构。如图 2.6-1 所示，样品由载气（氩）带入雾化系统进行雾化后，以气溶胶的形式进入等离子体的轴向通道，在高温和惰性气氛中被充分蒸发、原子化、电离和激发，发射出所含元素的特征谱线。根据特征谱线的存在与否，鉴别样品中是否含有某种元素；根据特征谱线强度确定样品中相应元素的含量。使用 ICP-AES，大多数元素的方法检出限（MDL）为几十个 ppb，校准曲线的线性范围较宽，可进行多元素同时或顺序测定。

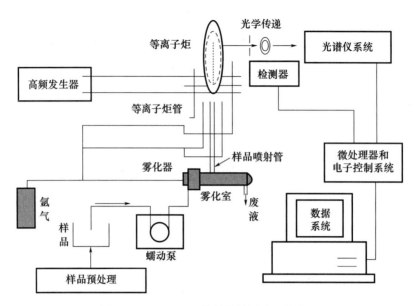

图 2.6-1 ICP-AES 的结构简图及工作流程

ICP 定量分析的依据是 Lomakin-Scherbe 公式：

$$i = aC^b \tag{2.6-1}$$

式中　　i——谱线强度；

　　　　C——待测元素的浓度；

　　　　a——常数；

　　　　b——分析线的自吸收系数，一般情况下 $b \leqslant 1$，b 与光源特性、待测元素含量、元素性质及谱线性质等因素有关，在 ICP 光源中，多数情况下 $b \approx 1$。

ICP 定量分析方法主要有外标法、标准加入法和内标法。

外标法是利用标准试样测得常数后，又用该式来确定试样的浓度。标准加入法，又称添加法或增量法，可减小或消除基体效应的影响。内标法是在试样和标准试样中分别加入固定量的纯物质，即内标物，利用分析元素和内标元素谱线强度比与待测元素浓度绘制标准曲线，并进行样品分析。

ICP 形成原理如图 2.6-2 所示。

当高频发生器接通电源后，高频电流 I 通过感应线圈产生交变磁场。开始时，管内为氩气，不导电，需要用高压电火花触发，气体电离后，在高频交流电场的作用下，带电粒子高速运动，碰撞，形成"雪崩"式放电，产生等离子体电流。在垂直于磁场的方向将产生感应电流（涡电流），其电阻很小，电流很大（数百安），产生高温。高温将气体加热，使之电离，在管口形成稳定的等离子体焰矩。

ICP 焰分为三个区域：

（1）焰心区，不透明，是高频电流形成的涡流区，等离子体主要通过这一区域与高频感应线圈耦合而获得能量，该区温度高达 10000K。

（2）内焰区，位于焰心区上方，一般在感应圈右边 10～20mm，呈半透明状态，温度为 6000～8000K，是分析物原子化、激发、电离与辐射的主要区域。

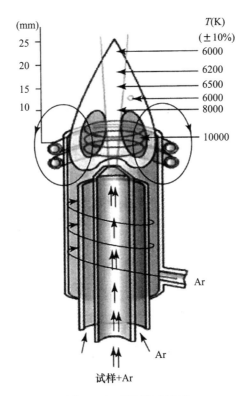

图 2.6-2 ICP 形成原理

（3）尾焰区，在内焰区上方，无色透明，温度较低。温度在 6000K 以下，只能激发低能级的谱线。

ICP 具有以下特点：

（1）温度高，惰性气氛，原子化条件好，有利于难熔化合物的分解和元素激发，有很高的灵敏度和稳定性。

（2）具有"趋肤效应"，涡电流在外表面处密度大，使表面温度高，轴心温度低，中心通道进样对等离子的稳定性影响小，能有效消除自洗现象，线性范围宽（4～5 个数量级）。

（3）电子密度大，碱金属电离造成的影响小。

（4）氩气产生的背景干扰小。

（5）无电极放电，无电极污染。

（6）ICP 焰炬外形像火焰，但不是化学燃烧火焰，是气体放电。

（7）对非金属测定的灵敏度低，仪器昂贵，操作费用高，这是 ICP 的缺点。

样品导入系统由蠕动泵、雾化器、雾化室和炬管组成。

进入雾化器的液体流由蠕动泵控制。蠕动泵的主要作用是为雾化器提供恒定样品流，并将雾化室中的多余废液排出。除通常进样和排废液通道外，三通道蠕动泵为用户提供一个额外通道，用该通道可在分析过程中导入内标等。

雾化器将液态样品转化成细雾状喷入雾化室，较大雾滴被滤出，细雾状样品到达等离子炬。图 2.6-3 为同心玻璃雾化器结构示意图。

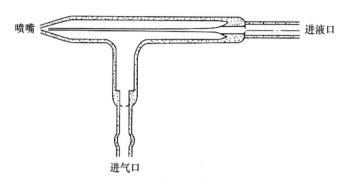

图 2.6-3　同心玻璃雾化器结构示意图

由雾化器、蠕动泵和载气所产生的雾状样品进到雾化室。雾化室相当于一个样品过滤器，较小的细雾通过雾化室到达炬管，较大的样品滴被滤除流到废液容器中。

一体式炬管由外层管、中层管和内层管构成，如图 2.6-4 所示。

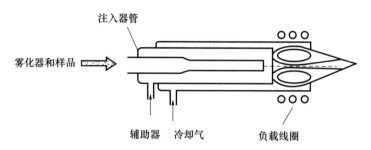

图 2.6-4　一体式炬管结构示意图

ICP-AES 检测器的介绍如下：

目前较成熟的主要是电荷注入器件（Charge-Injection Detector，CID）、电荷耦合器件（Charge-Coupled Detector，CCD）。

CID 与 CCD 的主要区别在于读出过程，在 CCD 中，信号电荷必须经过转移才能读出，信号一经读取即刻消失。而在 CID 中，信号电荷不用转移，是直接注入体内形成电流来读出的，即每当积分结束时，去掉栅极上的电压，存贮在势阱中的电荷少数载流子（电子）被注入体内，从而在外电路中引起信号电流，这种读出方式称为非破坏性读取（Non-Destructive Read Out，NDRO）。CID 的 NDRO 特性使它具有优化指定波长处的信噪比（S/N）功能。同时，CID 可寻址到任意一个或一组像素，因此可获得如"相板"一样的所有元素谱线信息。

三、仪器与试剂

1. 仪器

ICP-9000 型光谱仪。

2. 试剂

某品牌矿泉水；去离子水；优级纯硝酸；含有常见种元素（铝、钡、镉、钙、铬、钴、铜、铁、铅、镁、镍、磷、钾、钠、钒、锌）的混标溶液 1～10mg/L。

四、实验内容和步骤

1. 仪器的工作条件。

1）开机条件：温度适宜，相对湿度<60％。

2）打开通风设备、空压机，打开氩气钢瓶总阀门，检查分压阀，使压力为 0.55～0.8MPa，打开循环冷却水，确定电、气、水正常运行，开启主机。

3）安装好进样管路和排废液管路，检查排废液管路和废液桶连接正常。注意其他参数是否正常。

2. 开机。

开主机、计算机、显示器，点击进入操作系统，仪器自检，氩气吹扫检测器，约 20min。

3. 点燃等离子体（注意：请务必严格按照仪器操作规程进行操作）。

4. 分析样品。

1）空白液的波长扫描。

按"开始"按钮，仪器即可对空白液（去离子水）在选定波长范围内进行扫描。此时窗口右上角的数据显示出单色仪所在的当前波长。扫描完成后，弹出"文件保存"提示对话框，单击"是"按钮，弹出"保存"对话框，输入文件名，保存刚刚完成的扫描谱图。扫描任务结束后打开该文件，在窗口中移动鼠标，可以查看鼠标所在位置的波长及强度值。波长扫描得到谱图，这是一段波长范围内的光谱背景图。利用这种谱图就可以考察这一波段内的谱线信息。

2）样品的波长扫描操作同空白液的波长扫描步骤，不同之处只是将样品的进样管放入混合样品溶液中。

3）测试样品。

5. 关机。

五、数据处理

1. 将打印出来的蒸馏水和矿泉水样品的谱图进行比较，找出混合样品谱图中多出的谱线。

2. 利用计算机仪器操作软件"查看"功能中的"放大"功能，找出每条谱线所对应的元素。

3. 判断样品中是否含有某些元素，计算含量并得出结论。

思考题

为什么电感耦合等离子体原子发射光谱分析法能同时分析水中的多种元素成分？

实验 2.7 合金钢中铬、锰的定性分析

一、实验目的

1. 了解吸光度加和性原理。
2. 掌握混合物光度法同时测定技术。

二、方法原理

本实验利用不同物质对光的吸收具有选择性的特点和吸光度加和性原理，实现合金钢中铬和锰的同时测定。$Cr_2O_7^{2-}$ 和 MnO_4 的吸收光谱曲线如图 2.7-1 所示。

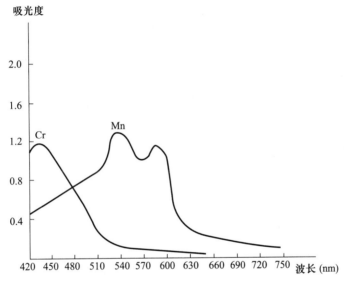

图 2.7-1 $Cr_2O_7^{2-}$ 和 MnO_4 的吸收光谱曲线

三、仪器与试剂

1. 仪器

722 型分光光度计；50mL 容量瓶 7 只；250mL 容量瓶 1 只；5mL 移液管 4 支；烧杯 100mL1 只，50mL 烧杯 3 只；250mL 锥形瓶 1 个；10mL 量筒各 1 个；酒精灯 3 个；三脚架 3 个；石棉网 3 个。

2. 试剂

Cr 标准溶液：准确称取 $K_2Cr_2O_7$ 1.4144g，溶解后，稀释至 500mL，此溶液含铬 1.00mg/mL；Mn 标准溶液：准确称取 $MnC_2O_4 \cdot H_2O$ 0.8324g，溶于浓硫酸中，逐渐加水，稀释至 500mL，此溶液含锰 0.50mg/mL；H_3PO_4：相对密度为 1.70，浓度为 85%；浓 H_2SO_4；浓 HNO_3；$K_2S_2O_8$（过硫酸钾）；KIO_4（高碘酸钾）；0.1mol/L$AgNO_3$。

所用试剂均为分析纯。

四、分析步骤

1. 吸光系数的测定

1）用移液管分别吸取 Cr 标准溶液 3.00mL、4.00mL、5.00mL 于 50mL 容量瓶中，各加入 2.5mL 浓 H_2SO_4 和 2.5mL 85% 的 H_3PO_4，稀释至刻度，摇匀，分别在 440nm 及 545nm 波长处测定各份溶液的吸光度，计算 $Cr_2O_7^{2-}$ 溶液在 440nm 及 545nm 波长处的吸光系数。

2）用移液管分别吸取 Mn 标准溶液 1.00mL、2.00mL、3.00mL 于 50mL 烧杯中，各加入 2.5mL 浓 H_2SO_4 和 2.5mL 85% 的 H_3PO_4，将溶液稀释至约 35mL，加入 0.5g KIO_4，加热至沸，维持沸点约 5min，冷却，将此溶液移入 50mL 容量瓶中，稀释至刻度，摇匀，分别在 440nm 及 545nm 波长处测定各份溶液的吸光度，计算 MnO_4^- 溶液在 440nm 及 545nm 波长处的吸光系数。

2. 合金钢中铬和锰的同时测定

取约 1g 钢样，于 100mL 烧杯中，加入 40mL 水、10mL 浓 H_2SO_4 和 3mL 85% 的 H_3PO_4，缓缓加热，直至钢样完全分解；稍冷，加入 2mL 浓 HNO_3，煮沸，使碳化物完全分解，并除去 NO_2，冷却溶液，转移至 250mL 容量瓶中，稀释至刻度，摇匀。

用移液管吸取钢样溶液 1.00mL 于 100mL 烧杯中，加入 2.5mL 浓 H_2SO_4 和 2.5mL 85% 的 H_3PO_4，将溶液稀释至约 35mL，并加入 0.1mol/L 的 $AgNO_3$ 溶液 5～7 滴，及 3g $K_2S_2O_8$，不断搅拌溶液，并缓缓加热，直至所有的盐完全溶解，加热至沸并维持沸点 5～7min，取下稍冷，加入 0.3g KIO_4，不断搅拌溶液，加热至沸腾，维持沸点 5min，将溶液取下冷却，转移到 50mL 容量瓶中，稀释至刻度，摇匀。

将溶液倒入吸收池中，用蒸馏水作空白，在 440nm 及 545nm 波长处测定其吸光度，并计算出铬和锰的含量。

五、结果处理

铬和锰的含量根据实验数据按式（2.7-1）和式（2.7-2）解联方程组求得：

$$A_{440}^{Cr+Mn} = A_{440}^{Cr} + A_{440}^{Mn} = K_{440}^{Cr} C^{Cr} + K_{440}^{Mn} C^{Mn} \qquad (2.7\text{-}1)$$

$$A_{545}^{Cr+Mn} = A_{545}^{Cr} + A_{545}^{Mn} = K_{545}^{Cr} C^{Cr} + K_{545}^{Mn} C^{Mn} \qquad (2.7\text{-}2)$$

由式（2.7-1）导出得式（2.7-3）：

$$C^{Mn} = （A_{440}^{Cr+Mn} - K_{440}^{Cr} C^{Cr}）/K_{440}^{Mn} \qquad (2.7\text{-}3)$$

将式（2.7-3）代入式（2.7-2），则得到式（2.7-4）：

$$C^{Cr} = \frac{K_{440}^{Mn} A_{545}^{Cr+Mn} - K_{545}^{Mn} A_{440}^{Cr+Mn}}{K_{545}^{Cr} K_{440}^{Mn} - K_{545}^{Mn} K_{440}^{Cr}} \qquad (2.7\text{-}4)$$

式中，A_{440}^{Cr+Mn} 和 A_{545}^{Cr+Mn} 为 440nm 和 545nm 测定混合液的总吸光度；K_{440}^{Cr}、K_{440}^{Mn}、K_{545}^{Cr}、

K_{545}^{Mn} 和分别为 $Cr_2O_7^{2-}$ 和 MnO_4^- 在 440nm 和 545nm 的吸收系数（其单位为 $L \cdot g^{-1} \cdot cm^{-1}$），可分别用已知浓度的纯 $Cr_2O_7^{2-}$ 和 MnO_4^- 溶液在 440nm 和 545nm 处测量其 A 值计算而得。

思考题

双波长分光光度法测定混合组分的依据是什么？

实验 2.8　X 射线荧光光谱法——定性分析

一、实验目的

1. 了解 X 射线粉末衍射法的原理，熟悉 X 射线荧光光谱仪的操作步骤。
2. 了解 X 射线荧光光谱法的应用。
3. 学习利用衍射图谱进行物质的物象分析，学习使用索引和卡片。

二、实验原理

原子内层电子在 X 射线的照射下被逐出形成空穴，次内层电子跃入该空穴，释放的能量以 X 射线形式发射出来，称为荧光。X 射线是"光致发光"。根据式（2.8-1）莫塞莱定律，不同元素有不同的荧光波长，发射的 X 射线荧光强度与元素的含量成正比。X 射线荧光光谱法是一种成分分析法，可以测定 ^{9}F 至 ^{92}U 之间的元素，测定范围 $10^{-6} \sim 10^{-1}g$，精密度可达到 0.01%。

$$\tilde{v} = R \left(Z - \sigma_K\right)^2 \left(\frac{1}{1^2} - \frac{1}{2^2}\right) \qquad (2.8\text{-}1)$$

式中，R 为 Rydberg 常数，$1.097 \times 10^7 m^{-1}$；σ_K 为核外电子对核电荷的屏蔽常数；Z 为原子序数。

三、仪器和试剂

1. 仪器

波长色散形 X 射线荧光光谱仪；玛瑙研钵。

2. 试剂

待测样品。

四、实验步骤

1. 设置实验条件。

1）铑靶 X 射线管。
2）X 射线额定电压 40～60kV。
3）X 射线的分光晶体、检测器和光路的选择见表 2.8-1。

表 2.8-1　X 射线的分光晶体、检测器和光路的选择

定性元素	分光晶体	检测器	光路
$^{22}Ti \sim {}^{92}U$	LiF	S. C	真空（空气）
$^{11}Na, {}^{9}F$	TAP	P. C	真空

续表

定性元素	分光晶体	检测器	光路
^{12}Mg	ADP	P.C	真空
$^{13}Al \sim ^{22}Ti$	PET、EDDT	P.C	真空

注：1. PET 为异戊四醇，EDDT 为右旋酒石酸乙二胺，ADP 为磷酸二氢铵，TAP 为邻苯二甲酸氢铊。
2. S.C 为闪烁计数器，P.C 为气流正比计数器。

4）波高分析器的基线调整至 1V 左右，波高窗口调整为 2V 左右。

5）扫描范围与扫描速度见表 2.8-2。

表 2.8-2　扫描范围与扫描速度

元素	测角仪器速度（°/min）	记录仪纸速（cm/min）	扫描范围
重元素 $^{22}Ti \sim ^{92}U$	4	4	$10° \sim 90°$
轻元素 $^{13}Al \sim ^{22}Ti$	4	2	$35° \sim 145°$
主成分	4	4	$-2° \sim +2°$
重元素　痕量	$1 \sim 1/4$	$1 \sim 1/4$	$-2° \sim +2°$
主成分	4	2	$-3° \sim +3°$
轻元素　痕量	$1 \sim 1/4$	$1/2 \sim 1/4$	$-3° \sim +3°$

2. 启动去离子水冷却系统。

3. 启动高压电源，电流、电压挡交替上升，每挡启动后应稍停 $0.5 \sim 1min$，待电压和电流升到额定数值。

4. 小心调节正比计数器的气体流量，避免突然增大气流量，过大气流量可能导致窗口破裂。

5. 将试样置入样品室后，立即关闭样品室。

6. 从开机到恒温需 4h。

7. 启动仪器扫描开关，绘制 2θ 与 I（光强计数）的 X 射线荧光光谱图。

8. 关闭仪器。关闭高压时需逐步减小电流和电压直至为 0。待高压电源关闭后，冷却水继续运行 15min。

五、数据记录与结果处理

1. 利用 2θ 与 I 谱线表识别谱线。首先将靶材元素的谱线从谱图上标出。识别每条谱线，记录相应元素。

2. 观察谱线强度以区别干扰线。

3. 如果某元素的几条特征 X 射线荧光谱线都已经出现，强度关系也正常，则判断有该元素。

思考题

1. 什么是连续 X 射线和特征 X 射线？

2. X 射线与物质相互作用有哪三种情形？解释相干散射、非相干散射两个概念。

实验2.9 电感耦合等离子体发射光谱法测定 食品中多种微量元素

一、实验目的

1. 了解多通道电感耦合等离子体光谱仪的结构、工作原理及其特点。
2. 掌握 ICP-AES 同时测定多元素的操作方法。
3. 了解食品的分解方法及要求。

二、实验原理

电感耦合等离子体是利用高频感应加热原理，使流经石英管的工作气体氩气电离，在高频电磁场作用下，由于高频电流的"趋肤效应"，在一定频率下形成环状结构的高温等离子体焰炬。试液经过蠕动泵的作用进入雾化器，被雾化的样品溶液以气溶胶的形式进入等离子体焰炬的通道中，经熔融、蒸发、解离等过程，实现原子化。组成原子均能被激发，发射出其特征谱线。在一定的工作条件下，当入射功率、观测高度、载气流量等因素一定时，各元素的谱线强度与光源中气态原子的浓度成正比，即与试液中元素的浓度成正比。

光电直读光谱法，元素谱线强度 I 由光电倍增管转换为阳极电流，向积分电容器充电，经一定时间，产生与谱线强度成正比的端电压 V，该端电压与元素的浓度 c 成正比，见式（2.9-1）和式（2.9-2）。

$$V = AI \tag{2.9-1}$$
$$V = Kc \tag{2.9-2}$$

式中，A、K 为常数。据式（2.9-1）和式（2.9-2）可进行元素的定量测定。

多通道光电直读光谱仪，一次进样可同时检测多种元素（可达 60 余种），而且具有检出限低、精确度高、基体效应小、线性范围宽等优点，已成为实验室用于多种类型样品分析的重要手段。

三、仪器和试剂

1. 仪器

高频电感耦合等离子体多通道光电直读光谱仪；分析天平（万分之一）；烧杯（20mL、500mL）；容量瓶（50mL、100mL、1000mL）；300 目筛；石英或瓷坩埚（50mL）；洗瓶；锥形瓶（50mL）；高纯氩气；移液管（50mL）；吸量管（10mL）；量筒（50mL）。

2. 试剂

高氯酸（优级纯），碳酸钙（分析纯）；盐酸（优级纯）；磷酸二氢钾（优级纯）；Mg、Fe、Mn、Cu、Sn、Pb、Zn、Al（纯度均为 99.99%）；硝酸（优级纯）；磷酸

（优级纯）；石油醚。

3. 单一元素标准储备液的配制

1）钙标准储备液（1000μg/mL）：称取 2.4973g 已在 110℃烘干过的碳酸钙，加入少量盐酸溶解，于 1000mL 容量瓶中加去离子水稀释至刻度。

2）磷标准储备液（200μg/mL）：称取 0.8788g 在 105℃下干燥的磷酸二氢钾，加入少量去离子水溶解，于 1000mL 容量瓶中加去离子水稀释至刻度。

3）Mg、Fe、Mn、Cu、Sn、Pb、Zn、Al 标准储备液（1000μg/mL）：称取纯度为 99.99% 的金属各 1.0000g，分别置于各自的小烧杯中，再分别加入 10mL 硝酸溶解，水浴蒸至近干，用 0.5mol/L 的酸溶解并分别转入 1000mL 容量瓶中，用去离子水定容，摇匀。

4. 多元素混合标准溶液的配制

分取上述单一元素标准储备液各 10mL（磷标准储备液取 50mL）置于 500mL 容量瓶中，加去离子水稀释至刻度，摇匀，配成含各元素 10.00μg/mL（含磷 50μg/mL）的混合标准溶液。

四、实验步骤

1. 样品处理

1）谷物、糕点等含水少的固体食品类

除去外壳、杂物及尘土，磨碎，过 300 目筛，混匀。称取 5.0～10.0g 样品置于 50mL 石英或瓷坩埚中，加火炭化，然后移入高温炉中，500℃以下灰化 1～2h，取出，冷却，加入少量混合酸（HNO_3：$HClO_4$＝3：1，体积比），小火加热至近干。必要时再加入少量混合酸，反复处理，直至残渣中无炭粒。稍冷，加入 1mol/L 盐酸 10mL，溶解残渣并转入 50mL 容量瓶中，用去离子水定容，混匀备用。

取与处理样品相同的混合酸和 1mol/L 盐酸按相同方法步骤做试剂空白实验。

2）蔬菜、瓜果及豆类

取食用部分洗净晾干，充分切碎混匀。称取 10～20g 置于瓷坩埚中加 1：10 磷酸（磷酸：水＝1：10，体积比）1mL，小火炭化。后续样品处理步骤同谷物类试样处理方法。

3）禽蛋、水产、乳类、茶、咖啡类

取可食用部分试样充分混匀。称取 5.0～10.0g 置于瓷坩埚中，小火炭化。后续样品处理步骤同谷物类试样处理方法。

4）乳、炼乳类

试样混匀后，量取 50mL 置于瓷坩埚中，在水浴上蒸干，再小火炭化。后续样品处理步骤同谷物类试样处理方法。

5）饮料、酒、醋类

试样混匀后，量取 50mL 置于 100mL 容量瓶中，以 0.5%～1.0%硝酸稀释至刻度，摇匀，备用。

6）油脂类

试样混匀后，称取 5.0～10.0g（固体油脂先加热熔成液体，混匀，再称量）置于

50mL 锥形瓶中，加入 10mL 石油酸，用 10％硝酸提取 2 次，每次 5mL，振摇 1min，合并两次提取液于 50mL 容量瓶中，加去离子水至刻度，摇匀，备用。

2. 元素分析线波长

元素分析线波长如下：

Mg 279.55；Fe 259.94；Pb 220.35；Zn 213.86；Mn 257.61；Al 308.21；Cu 324.75；Sn 189.98；Ca 422.67；P 178.203。

3. 仪器调节

开启仪器，预热 20min，点燃等离子体焰炬，按参数调好仪器。

4. 工作曲线的绘制

1）工作曲线法

（1）两点式标准化（高标和低标）：向等离子体焰炬中喷入一个零浓度标准样品，再喷入一个浓度为 $10\mu g/mL$ 的标准溶液（若测高浓度复杂的样品，如岩矿样，则按消除干扰方式进行测量）。计算机自动调整放大器的增益（0～300 倍），记录存储谱线强度，绘出测量电压和相应浓度的双对数工作曲线，依此自动调整原存储工作曲线的偏移。

（2）测已知浓度的标准监控样，若测出的浓度与已知浓度非常接近（误差一般不大于 1%），则可进行未知样品的测定；若误差较大，则需重新标准化（调整放大器的增益和工作曲线的偏移）。

2）系列浓度标准溶液测量法

配制一系列浓度多元素混合标准溶液，测量，绘制各元素的标准曲线。

3）存档

将标准曲线存入设定的计算机文件。

5. 样品测定

在与标准系列相同的测定条件和工作方式下，将样品和空白溶液喷入等离子体焰炬，测得样品中各金属元素的谱线强度，并存入计算机中指定文件。计算机自动根据所存储的各元素工作曲线计算出相应元素的浓度，显示在屏幕上或自动打印出分析结果报告。

五、数据记录与结果处理

各元素含量 w 按公式 $w=c\times V/m$ 计算，其中，c 为计算机输出的试样中待测元素的浓度（$\mu g/mL$）；V 为测定体积（mL，试样处理后的定容体积）；m 为称样量（g）。

六、注意事项

配制标准溶液时，注意移液管、吸量管、量筒及容量瓶的正确使用及移液、定容的规范操作。分取不同体积的同种溶液应尽量用同一移液管或吸量管，若换其他移液管或吸量管时，一定使用待移溶液润洗几次。

思考题

1. ICP-AES 多元素同时测定时，往往采取折中的办法选择仪器参数，为什么？
2. ICP-AES 中，入射功率、载气流量、观测高度等因素对分析结果有什么影响？
3. 谱线漂移主要与什么因素有关？如何校正？

第三章　有机组分仪器分析

实验 3.1　有机物红外光谱的测绘及结构分析

一、实验目的

1. 掌握用液膜法制备液体样品的方法。
2. 掌握用溴化钾压片法制备固体样品的方法。
3. 学习并掌握傅里叶变换红外光谱仪的使用方法，初步学会对红外吸收光谱图的解析。

二、实验原理

基团的振动频率和吸收强度与组成基团的相对原子质量、化学键类型及分子的几何构型等有关。因此，根据红外吸收光谱的峰位、峰强、峰形和峰的数目，可以判断物质中可能存在的某些官能团，进而推断未知物的结构。如果分子比较复杂，还需结合紫外光谱、核磁共振谱以及质谱等手段作综合判断。还可通过与未知样品在相同测定条件下得到的标准样品谱图或已发表的标准谱图（如 Sadtler 红外光谱图等）进行比较分析，作出进一步证实。

三、仪器及试剂

1. 仪器

傅里叶变换红外光谱仪；可拆式液池；压片机；玛瑙研钵；氯化钠盐片；聚苯乙烯薄膜；红外灯。

2. 试剂

苯甲酸（分析纯，于80℃下干燥24h，存于保干器中）；溴化钾（色谱纯，于130℃下干燥24h，存于保干器中）；无水乙醇（分析纯）；苯胺（分析纯）；乙酰乙酸乙酯（分析纯）；四氯化碳（分析纯）。

四、实验内容

1. 波数检验：将聚苯乙烯薄膜插入红外光谱仪的试样安放处，在 $4000\sim600\text{cm}^{-1}$ 范围内进行扫描，得到吸收光谱。
2. 测绘无水乙醇、苯胺、乙酰乙酸乙酯的红外吸收光谱——液膜法：取两片氯化钠盐片，用四氯化碳清洗其表面并晾干。在一盐片上滴 1~2 滴无水乙醇，用另一盐片压于其上，装入可拆式液池架中。然后将液池架插入红外光谱仪的试样安放处，在 4000~600cm^{-1} 范围内进行扫描，得到吸收光谱。用同样的方法得到苯胺和乙酰乙酸乙酯的红外吸收光谱。

3. 测绘苯甲酸的红外吸收光谱——溴化钾压片法：取 2mg 苯甲酸，加入 100mg 溴化钾粉末，在玛瑙研钵中充分磨细（颗粒约为 2μm），使之混合均匀，并将其在红外灯下烘 10min 左右。在压片机上压成透明薄片。将夹持薄片的螺母装入红外光谱仪的试样安放处，在 4000~600cm^{-1} 范围内进行扫描，得到吸收光谱。

4. 未知有机物的结构分析：从指导老师处领取未知有机物样品。用液膜法或溴化钾压片法测绘未知有机物的红外吸收光谱。

五、结果处理

1. 将测得的聚苯乙烯薄膜的吸收光谱与其标准谱图对照。对 2850.7cm^{-1}、1601.4cm^{-1} 及 906.7cm^{-1} 的吸收峰进行检验。要求在 4000~2000cm^{-1} 范围内，波数误差不大于 ±10cm^{-1}；在 2000~650cm^{-1} 范围内，波数误差不大于 ±3cm^{-1}。

2. 解析无水乙醇、苯胺、苯甲酸、乙酰乙酸乙酯的红外吸收光谱图，并指出各谱图上主要吸收峰的归属。

3. 观察羟基的伸缩振动在乙醇和苯甲酸中有何不同。

4. 根据指导老师给定的未知有机物的化学式及红外吸收光谱上的吸收峰位置，推断未知有机物可能的结构式。

六、注意事项

1. 氯化钠盐片易吸水，取盐片时需戴上指套。扫描完毕，应用浸有四氯化碳的棉球清洗盐片，并立即将盐片放回保干器内保存。

2. 盐片装入可拆式液池架后，螺丝不宜拧得过紧，否则会压碎盐片。

思考题

1. 在含氧有机化合物中，如在 1900~1600cm^{-1} 区域中有强吸收谱带出现，能否判定分子中有羟基存在？

2. 羟基的伸缩振动在乙醇及苯甲酸中为何不同？

实验 3.2 用高分辨质谱法确定化合物结构

一、实验目的

1. 学习质谱分析的基本原理。
2. 了解质谱仪的基本构造、工作原理及操作方法。
3. 学习质谱图解析的基本方法。

二、实验原理

质谱分析法主要是通过对样品的离子质荷比进行分析而实现对样品进行定性和定量的一种方法。因此，质谱仪必须有电离装置把样品电离为离子，由质量分析装置把不同质荷比的离子分开，经检测器检测之后可以得到样品的质谱图。由于有机样品、无机样品和同位素样品等具有不同的形态、性质和不同的分析要求，所以，它们所用的电离装置、质量分析装置和检测装置有所不同。但是，不管是哪种类型的质谱仪，其基本组成是相同的，都包括离子源、质量分析器、检测器和真空系统。

离子源的作用是将待分析样品电离，得到带有样品信息的离子。质谱仪的离子源种类很多，有电子电离源、化学电离源、快原子轰击源、电喷雾源、大气压化学电离源等。

电喷雾源（ESI）是近年来出现的一种新的离子源。它主要应用于液相色谱-质谱联用仪。它既作为液相色谱和质谱仪之间的接口装置，同时又是电离装置。它的主要部件是一个由多层套管组成的电喷雾喷嘴。最内层是液相色谱流出物，外层是喷射气，喷射气常采用大流量的氮气，其作用是使喷出的液体容易分散成微滴。另外，在喷嘴的斜前方还有一个补助气喷嘴，补助气的作用是使微滴的溶剂快速蒸发。在微滴蒸发过程中表面电荷密度逐渐增大，当增大到某个临界值时，离子就可以从表面蒸发出来。离子产生后，借助喷嘴与锥孔之间的电压，穿过取样孔进入分析器。加到喷嘴上的电压可以是正，也可以是负。通过调节极性，可以得到正或负离子的质谱。其中值得一提的是电喷雾喷嘴的角度，如果喷嘴正对取样孔，则取样孔易堵塞。因此，有的电喷雾喷嘴设计成喷射方向与取样孔不在一条线上，而错开一定角度。这样溶剂雾滴不会直接喷到取样孔上，使取样孔比较干净，不易堵塞。产生的离子靠电场的作用引入取样孔，进入分析器。电喷雾源采用一种软电离方式，即便是分子量大、稳定性差的化合物，也不会在电离过程中发生分解，它适合分析极性强的大分子有机化合物，如蛋白质、肽、糖等。电喷雾电离源的最大特点是容易形成多电荷离子。这样，一个分子量为10000Da的分子若带有 10 个电荷，则其质荷比只有1000Da，进入了一般质谱仪可以分析的范围之内。根据这一特点，目前采用电喷雾电离，可以测量分子量在 300000Da 以上的蛋白质。

大气压化学电离源（APCI）的结构与电喷雾源大致相同，不同之处是大气压化学电离源喷嘴的下游放置了一个针状放电电极，通过放电电极的高压放电，使空气中某些中性分子电离，产生 H_3O^+、N_2^+、O_2^+ 和 O^+ 等离子，溶剂分子也会被电离，这些离子与分析物分子进行离子-分子反应，使分析物分子离子化，这些反应过程包括质子转移和电荷交换产生正离子、质子脱离和电子捕获产生负离子等。大气压化学电离源主要用来分析中等极性的化合物。有些分析物由于结构和极性等方面的原因，用 ESI 不能产生足够强的离子，可以采用 APCI 方式增加离子产率，可以认为 APCI 是 ESI 的补充。APCI 主要产生的是单电荷离子，所以其分析的化合物分子量一般小于 1000Da。用这种电离源得到的质谱很少有碎片离子，主要是准分子离子。

质量分析器的作用是将离子源产生的离子按 m/z 顺序分开并排列成谱。用于有机质谱仪的质量分析器有磁式双聚焦分析器、四极杆分析器、离子阱分析器、飞行时间分析器、回旋共振分析器等。

质谱仪的检测主要使用电子倍增器，也有的使用光电倍增管。由四极杆出来的离子打到高能极产生电子，电子经电子倍增器产生电信号，记录不同离子的信号即得质谱。信号增益与倍增器电压有关，提高倍增器电压可以提高灵敏度，但同时会降低倍增器的寿命，因此，应该在保证仪器灵敏度的情况下采用尽量低的倍增器电压。由倍增器出来的电信号被送入计算机储存，这些信号经计算机处理后可以得到色谱图、质谱图及其他各种信息。

为了保证离子源中灯丝的正常工作，同时保证离子在离子源和分析器中正常运行，消减不必要的离子碰撞、散射效应、复合反应和离子-分子反应，减少本底与记忆效应，质谱仪的离子源和质量分析器都必须处在优于 10^{-5}mbar 的真空中才能工作。也就是说，质谱仪都必须有真空系统。一般真空系统由机械真空泵和扩散泵或涡轮分子泵组成。机械真空泵能达到的极限真空度为 10^{-3}mbar，不能满足要求，必须依靠高真空泵。扩散泵是常用的高真空泵，其性能稳定可靠，其缺点是启动慢，从停机状态到仪器能正常工作所需时间长；涡轮分子泵则相反，仪器启动快，但使用寿命不如扩散泵。但由于涡轮分子泵使用方便，没有油的扩散污染问题，因此，近年来生产的质谱仪大多使用涡轮分子泵。涡轮分子泵直接与离子源或质量分析器相连，抽出的气体再由机械真空泵排到体系之外。

质谱仪的分辨率是指把相邻两个质量分开的能力，常用 R 表示，即在质量 M 处刚刚分开 M 和 $M+\Delta M$ 两个质量的离子，则质谱仪的分辨率见式（3.2-1）：

$$R = \frac{M_1}{M_2 - M_1} = \frac{M_1}{\Delta M} \tag{3.2-1}$$

式中，M_1、M_2 指两个相邻的峰强度。

两峰刚刚分开是指两峰的峰谷是峰高的 10%（两峰各提供 5%）。一般情况下，$R \leqslant 5000$ 为低分辨质谱，R 在 $2 \times 10^4 \sim 3 \times 10^4$ 之间为中级质谱，$R > 3 \times 10^4$ 为高级质谱。低分辨质谱仪只能给出整数的离子质量数；高分辨质谱仪则可给出小数的离子质量数。低分辨质谱的质核比由标称质量计算，高分辨质谱由精确质量计算。标称质量由在自然界中最大丰度同位素的标称原子质量计算而得，精确质量是以 ^{12}C 同位素的质量 12.0000 为基准而确定的。高分辨质谱可以区分具有相同标称质量的不同物质，见表 3.2-1。

表 3.2-1　标称质量相同但精确质量不同的物质

分子式	C_6H_{12}	C_5H_8O	$C_4H_8N_2$
分子量	84.0939	84.0575	84.0688

高分辨质谱中物质的分子离子或碎片离子的确认是通过查阅高分辨质谱的 Beynon 表或通过计算推导得出的。经验已知高分辨质谱的误差在±0.006 范围内。

本实验对已知结构的苯仿卡因样品进行验证性测定，其分子式为 $C_9H_{11}NO_2$，相对分子质量为 165.0790，结构如图 3.2-1 所示。

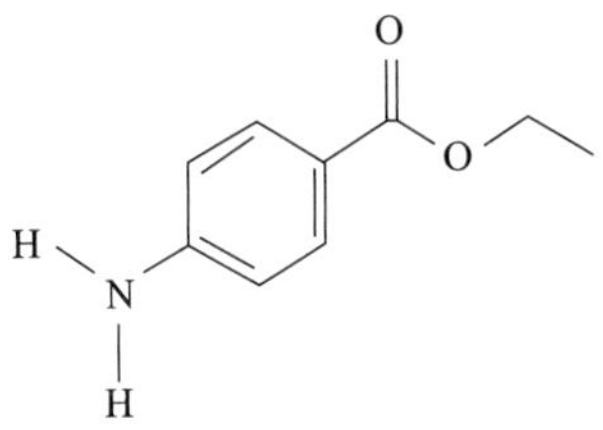

图 3.2-1　苯仿卡因的结构示意图

本实验采用高分辨质谱仪测定苯仿卡因的质谱。

三、实验仪器及试剂

1. 仪器

高分辨质谱仪；超声波仪；针头式过滤器。

2. 试剂

甲醇（色谱纯）；苯仿卡因。

四、实验步骤

1. 检查高分辨质谱仪及其配套设施，确认其处于正常状态。

2. 依次打开显示器、计算机主机、打印机和高分辨质谱仪电源开关，确认仪器处于正常状态。

3. 双击"Masslynx"图标进入"Masslynx"主菜单，设置参数，使仪器处于最佳工作状态。

4. 测定样品。在内置蠕动泵上的注射器装入被测样品，进样。

5. 点击"Acquire"，依次输入"Data File Name""Function""Start Mass""End Mass"等参数，然后点击"Start"开始正式采集质谱图。

6. 在质谱图窗口中，可以对谱图进行"Smooth"（平滑）、"Subtract"（扣底）、"Center"（棒图）等处理，点击主菜单栏"File"选择"Print"，即可打印报告。

7. 取出注射器，倒出样品并清洗干净。

8. 测试完成后，按操作要求，进行仪器关机。

9. 解析质谱图，确定化合物的结构。

思考题

1. 何为分子离子？它在质谱解析中有何用处？
2. 一台完好的质谱仪应包含哪几部分？它们各起什么作用？

实验 3.3 紫外-可见分光光度法测定苯酚含量

一、实验目的

1. 了解紫外-可见分光光度计的结构、性能和使用方法。
2. 掌握紫外-可见分光光度法测定苯酚含量的方法。
3. 学会紫外-可见分光光度法中吸收曲线和标准曲线的绘制方法。

二、实验原理

紫外-可见分光光度法是以溶液中物质分子对波长为 200～400nm 范围的光的选择性吸收为基础而建立起来的方法。与所有光度分析法一样，其进行定量分析的依据是朗伯-比尔定律。苯酚是一种剧毒物质，可以致癌，已经被列入有机污染物"黑名单"。但在一些药品、食品添加剂、消毒液等产品中仍含有一定量的苯酚，如果其含量超标，就会有很大的毒害作用。苯酚在酸碱介质中吸收波长不同（图 3.3-1）。在酸性及中性介质中，$\lambda_{max} \approx 272nm$，而在碱性介质中，$\lambda_{max} \approx 288nm$。

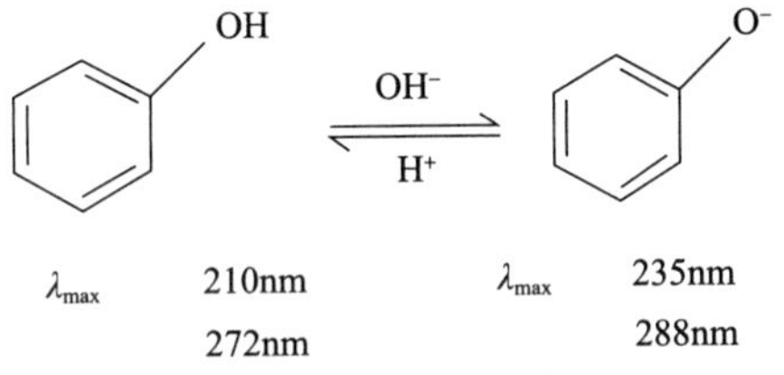

图 3.3-1 苯酚在酸、碱介质中吸收波长不同

本实验在中性条件下测试，因此苯酚在紫外光区的最大吸收波长 $\lambda_{max} \approx 270nm$。在 270nm 处测定不同浓度苯酚标准溶液的吸光值，绘制标准曲线，然后在相同条件下测定待测物的吸光度值。根据标准曲线可得待测物中苯酚的含量。

三、仪器和试剂

1. 仪器

UV-2450 紫外-可见分光光度计；电子天平；容量瓶（250mL、1000mL）；吸量管（5mL、10mL）；石英吸收池（10mm）；比色管（25mL）。

2. 试剂

苯酚。

3. 标准溶液的配制

苯酚标准储备液（$100\mu g/mL$）：准确称取 0.1000g 苯酚溶于 200mL 去离子水中，然后转移至 1000mL 容量瓶中，用去离子水稀释至刻度，摇匀备用。

四、实验步骤

1. 系列浓度标准溶液的配制

于 5 支 25mL 比色管中，用吸量管分别加入 0.50mL、1.00mL、2.00ml、5.00mL、10.00mL 的 $100\mu g/mL$ 苯酚标准储备液，用去离子水稀释至刻度，摇匀待测。

2. 样品测定

1）定性分析：确定定性分析参数条件，然后将有空白溶液的两支比色管分别放入参比光路和样品光路，进行基线扫描，再将装有苯酚溶液的比色管放入样品光路，进行定性扫描。将苯酚的波长扫描图与已知相同条件下的波长扫描图或已知的谱图比较，对试样进行定性分析。

2）定量分析：确定定量分析参数条件，然后用空白溶液进行调零。仪器调零后开始进行定量测试。按照提示依次放入系列浓度标准溶液和待测溶液。测定后，查看标准曲线，确定待测溶液中苯酚的含量。

五、注意事项

1. 正确使用吸量管和容量瓶，移液、定容需要规范操作。配制标准溶液时，为了减少误差，取不同体积的同种溶液应用同一支移液管。

2. 苯酚有剧毒，避免接触皮肤。

3. 注意仪器的正确使用和保养维护。

六、数据记录与结果处理

查阅文献，参考仪器分析的实验记录标准表格，结合本次实验内容和过程，自行设计各实验记录和数据处理的格式，并记录在本次实验的实验记录本上。

思考题

1. 紫外-可见分光光度法的定性、定量分析的依据是什么？

2. 紫外-可见分光光度计的主要组成部件有哪些？

3. 苯酚的紫外吸收光谱中，波长为 210nm 和 272nm 的吸收峰是由哪类价电子跃迁产生的？

实验3.4 分子荧光光谱法测定乙酰水杨酸和水杨酸

一、实验目的

1. 学习荧光光谱法测定多组分含量的原理，掌握用荧光光谱法测定药物中乙酰水杨酸和水杨酸的方法。

2. 进一步掌握RF-5301PC荧光光度计的操作方法。

二、实验原理

乙酰水杨酸通常称为阿司匹林，其水解能生成水杨酸，而阿司匹林中或多或少存在水杨酸。由于二者都有苯环，也有一定的荧光效率，所以可在以三氯甲烷为溶剂的条件下用荧光光谱法测定。在1%（体积分数，下同）乙酸-氯仿中，乙酰水杨酸和水杨酸的激发光谱和发射光谱如图3.4-1所示。由于二者的激发波长和发射波长均不相同，可利用此特点，在其各自的激发波长和发射波长下分别测定，从而得出阿司匹林中乙酰水杨酸和水杨酸的含量。加少量乙酸可以增加二者的荧光强度。

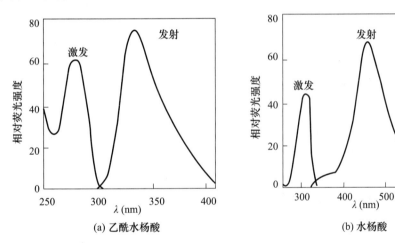

图3.4-1 1%乙酸-氯仿中乙酰水杨酸（a）和水杨酸（b）的激发光谱和发射光谱

为了消除药片之间的差异，可取5～10片药片一起研磨成粉末，然后取一定量有代表性的粉末样品（相当于一片的量）进行分析。

三、仪器、试剂

1. 仪器

RF-5301PC荧光分光光度计；电子天平；容量瓶（50mL、100mL、1000mL）；移液管（5mL、10mL）。

2. 试剂

乙酰水杨酸（分析纯）；乙酸（分析纯）；氯仿（分析纯）；水杨酸（分析纯）；阿司

匹林（分析纯）；1％乙酸-氯仿溶液。

3. 标准溶液的配制

（1）乙酰水杨酸储备液（400μg/mL）：称取 0.4000g 乙酰水杨酸溶于 1％乙酸-氯仿溶液中，并用其定容于 1000mL 容量瓶中。

（2）水杨酸储备液（750μg/mL）：称取 0.750g 水杨酸溶于 1％乙酸-氯仿溶液中，并用其定容于 1000mL 容量瓶中。

四、实验步骤

1. 绘制激发光谱和发射光谱

将乙酰水杨酸和水杨酸储备液分别稀释 100 倍（可每次稀释 10 倍，分两次完成）。用该溶液分别绘制乙酰水杨酸和水杨酸的激发光谱和发射光谱，并分别确定它们的最大激发波长和最大发射波长。

2. 制作标准曲线

1）乙酰水杨酸标准曲线：在 5 个 50mL 容量瓶中，用移液管分别加入 4.00μg/mL 乙酰水杨酸溶液 2.00mL、4.00mL、6.00mL、8.00mL 和 10.00mL，用 1％乙酸-氯仿溶液稀释至刻度，摇匀。在选定的激发波长和发射波长分别测量它们的荧光强度。

2）水杨酸标准曲线：在 5 个 50mL 容量瓶中，用移液管分别加入 7.50μg/mL 水杨酸溶液 2.00mL、4.00mL、6.00mL、8.00mL 和 10.00mL，用 1％乙酸-氯仿溶液稀释至刻度，摇匀。在选定的激发波长和发射波长分别测量它们的荧光强度。

3. 样品中乙酰水杨酸和水杨酸的测定

将 5 片阿司匹林药品称量后研磨成粉末，准确称取 400.0mg 粉末，用 1％乙酸-氯仿溶液溶解，全部转移至 100mL 容量瓶中，用 1％乙酸-氯仿溶液稀释至刻度。迅速通过定量滤纸过滤，用该滤液在与标准溶液相同条件下测量水杨酸的荧光强度。

将上述滤液稀释 1000 倍（每次稀释 10 倍，分三次稀释完成），在与标准溶液相同条件下测量乙酰水杨酸的荧光强度。

五、数据记录与结果处理

1. 根据绘制的乙酰水杨酸和水杨酸激发光谱和发射光谱，确定它们的最大激发波长和最大发射波长。

2. 分别绘制乙酰水杨酸和水杨酸标准曲线，根据标准曲线确定试样溶液中乙酰水杨酸和水杨酸的浓度，计算每片阿司匹林药片中乙酰水杨酸和水杨酸的含量（mg），并将乙酰水杨酸测定值与说明书上的值比较，确定阿司匹林药片质量是否合格。

六、注意事项

阿司匹林药片溶解后，必须在 1h 内完成测定，否则乙酰水杨酸的含量将降低。

思考题

1. 标准曲线是直线吗？若不是，从何处开始弯曲？并解释原因。

2. 根据乙酰水杨酸和水杨酸的激发光谱和发射光谱，解释本实验方法可在同一溶液中分别测定两种组分的原因。

3. 溶液环境的哪些因素影响荧光发射？

4. 试讨论乙酰基对荧光光谱的影响。

实验 3.5　气相色谱峰面积归一化法测定混合物中苯、甲苯和乙苯的含量

一、实验目的

1. 学习并熟悉气相色谱的原理、方法和应用。
2. 熟悉气相色谱仪的组成，掌握其基本操作过程和使用方法。
3. 掌握峰面积归一化法进行定量分析的方法和特点。
4. 熟悉保留值、相对校正因子、峰高、半峰高和峰面积积分的测定方法。

二、实验原理

气相色谱法是一种很好的分离方法，也是一种定性、定量分析的手段。当样品进入色谱柱后，它在固定相和流动相之间进行分配。由于各组分性质的差异，固定相对它们的溶解或吸附能力不同，则它们的分配系数不同。分配系数小的组分在固定相上的溶解或吸附能力弱，先流出柱子，分配系数大的组分后流出柱子，从而实现各组分的分离。

色谱法根据保留值的大小进行定性分析。在一定色谱条件（固定相、操作条件等）下，各种物质均有确定不变的保留值。定性分析时，必须将被分析物与标准物质在同一条件下所测的保留值进行对照，以确定各色谱峰所代表的物质。定量分析的依据是被分析组分的质量或其在载气中的浓度与检测器的响应信号成正比。对于微分型检测器，物质的质量正比于色谱峰面积（或峰高），其表达式见式（3.5-1）和式（3.5-2）。

$$m_i = f_i' A_i \tag{3.5-1}$$
$$m_i = f_i' h_i \tag{3.5-2}$$

式中，m_i 为组分 i 的物质的量；A_i 和 h_i 分别为组分 i 的峰面积和峰高；f_i' 为比例常数，称为校正因子。

当组分通过检测器时所给出的信号称为响应值。物质响应值的大小取决于物质的性质、浓度、检测器的灵敏度及其特性等。同一种物质在不同类型的检测器上有不同的响应值，且不同的物质在同一种检测器上的响应值也不同。为了使检测器产生的响应值能真实地反映物质的含量，就要对响应值进行校正，在进行定量计算时引入相对校正因子 f_i，即某物质的组分 i 和标准物质 s 的绝对校正因子之比，见式（3.5-3）：

$$f_i = \frac{f_i'}{f_s'} \tag{3.5-3}$$

式中，f_s' 为标准物质的绝对校正因子；f_i' 为组分 i 的绝对校正因子。

在测定混合物中苯、甲苯和乙苯的含量时，一般选择苯为标准物质，即苯的相对校正因子 $f_{苯}$ 为 1.0，这样由实验就可求出混合样品中甲苯、乙苯的相对校正因子 $f_{甲苯}$ 和 $f_{乙苯}$，然后通过测量色谱图中各组分的峰面积，就可以求出混合物中各组分的含量。若用单一组分的峰面积与其相对校正因子乘积总和的百分比来表示各组分的含量，就是峰面积归一化法。

用峰面积归一化法求各组分含量 w_i 可按式（3.5-4）进行计算：

$$w_i = \frac{A_i f_i}{A_1 f_1 + A_2 f_2 + \cdots + A_i f_i + \cdots + A_n f_n} \times 100\% \quad (3.5\text{-}4)$$

本实验采用氢火焰离子化检测器进行检测。首先，在已经确定的分离条件下，分别测定标准物质苯、甲苯和乙苯溶液的色谱图，然后，在同样的条件下测定待测样品的色谱图。通过保留时间鉴别待测样品中所含组分，通过峰面积的积分进行定量分析。因本实验采用的待测样品中只含被测的三种成分，且能够全部出峰，故采用峰面积归一化法进行待测组分的含量分析。

三、仪器和试剂

1. 仪器

气相色谱：色谱工作站，氢火焰离子化检测器（FID）；氮气发生器或高纯氮气钢瓶；氢气发生器；空气发生器。

弱极性填充柱：可选填充柱 GDX-103、毛细管色谱柱 HP-1（二甲基聚硅氧烷）、HP-5（5％二苯基＋95％二甲基聚硅氧烷交联）、OV101。

移液管（5mL）；气相进样针（5μL 或 10μL）；容量瓶（5mL）；螺纹口样品瓶（1mL）。

2. 试剂

苯（分析纯）；甲苯（分析纯）；乙苯（分析纯）。

四、实验步骤

1. 色谱柱的准备与安装

根据待测物质和检测器类型选择合适的固定相不锈钢填充柱或毛细管色谱柱安装到气相色谱仪上。色谱柱事先已经过老化处理。

2. 仪器准备

连接所需气源到仪器上，打开 GC 载气氮气、支持气体氢气和空气的气源，设置压力为 0.5MPa 左右；注意气源气体应经过过滤净化柱净化后进入仪器。

3. 条件设置与优化

1）打开计算机进入色谱工作站，设置色谱操作条件。混合烃 FID 条件：载气氮气，流速 30～40mL/min；柱温 100℃；气化室温度 150℃；FID 温度 120℃；热导桥电流 150mA。

2）FID 条件：载气氮气流速 40mL/min；氢气流速 30～40mL/min；空气流速 400mL/min；样品混合烃；进样口气化室温度 160℃（后进样口）；柱温 140℃；FID 温度 220℃（前检测器）。

3）实验条件调整与优化：设定后进一针混合样品，根据混合样品色谱图判断色谱分离结果是否合适，如不合适，再测进样口温度、柱温等，重新进样考察，直至达到满意的分离效果，然后存储该方法并用于下面的测定。

4. 测试样品

条件设置好后，运行设定好的条件方法，仪器自动完成条件准备工作，达到设定条件并稳定后，则提示可以进样测试，此时进样，进样量为 $1\mu L$。

1）先用微量进样器进 $1\mu L$ 标准苯样品测试其保留时间，用于定性鉴别。

2）按苯的保留时间的测试方法分别测出甲苯、乙苯的保留时间。若用同一根进样针进不同样品，要彻底清洗进样针，建议学生用不同进样器分别进不同样品。

3）进标准样品混合物测定各组分相对校正因子：以苯为标准物质测定甲苯、乙苯的相对校正因子。分别注入体积比为 1∶1∶1 的苯、甲苯和乙苯 $1\mu L$，测算相应的峰面积，计算各物质的相对校正因子。重复操作 3 次。

4）混合样品测试：在完全相同的色谱条件下，进 $1.0\mu L$ 未知混合样品，采集并处理数据，打印色谱图。

5. 数据处理，打印报告

调出存储的数据和色谱图，对各样品色谱图进行积分处理，用峰面积归一化法计算待测样品各组分的含量。设置测试报告打印格式，输出图谱测试报告。

6. 测试仪器维护与整理

设置关机条件，正确关机：确认柱内样品已全部流出后，关闭检测器及辅助气源，再将进样口温度、柱温、检测器温度冷却至室温或 50℃，最后关闭载气，关闭主机电源，退出工作站。清洗进样针和试剂瓶，整理实验物品，处理废液（注意本实验所用的芳香族化合物均为有毒致癌物质，不可倒入下水道污染环境，应倒入指定的回收瓶作无害化处理）。盖好仪器防尘罩，清理实验室卫生，最后签好仪器使用记录。

五、数据记录与结果

1. 与纯物质对照定性（表 3.5-1）

表 3.5-1 与纯物质对照定性

纯物质名称				
t_R（min）				
混合样品中各峰	峰 1	峰 2	峰 3	峰 4
t_R（min）				
定性结论组分名称				

2. 峰面积归一化法定量（表 3.5-2）

表 3.5-2 峰面积归一化法定量

组分				
峰高				
半峰宽				
峰面积				
相对校正因子				
含量（%）				

六、注意事项

1. 气相色谱仪使用氢气气源，还使用芳香烃类易燃试剂，应禁止明火和吸烟。

2. 芳香族化合物有致癌毒性，注意防止试剂的挥发和吸入，保持室内通风良好。

3. 实验用气相色谱仪属贵重精密仪器，使用仪器前一定要熟悉仪器的操作规程，在教师指导下进行练习，不可随意操作。

4. 为获得较好的精密度和色谱峰形状，进样时速度要快而果断，并且每次进样速度、留针时间应保持一致。

5. 用后的进样针要及时清洗干净，否则会报废。

思考题

1. 本实验中是否需要准确进样？为什么？

2. 氢火焰离子化检测器是否对任何物质都有响应？

实验3.6 高效液相色谱法分析水样中的酚类化合物

一、实验目的

1. 掌握高效液相色谱仪的基本原理和使用方法。
2. 了解反相液相色谱法分离非极性、弱极性化合物的基本原理。
3. 以水中苯酚类化合物为例,掌握高效液相色谱进行定性和定量分析的方法。
4. 学习和掌握色谱柱的评价方法。

二、实验原理

酚类是指苯环或稠环上带有羟基的化合物。酚类对人体具有致癌、致畸、致突变的潜在毒性,毒性大小与它的基团和结构、取代基的大小、位置、分布状态有关。因此,国内外对水中酚类化合物的检测非常重视。气相色谱法分离效果好,灵敏度高,但衍生化过程繁琐,所需试剂合成困难、毒性大。高效液相色谱法可同时分离、分析各种酚类化合物,并在保持原化合物的组成不变的前提下直接测定。

应用高效液相色谱法进行混合物的分离及定量、定性分析包括以下内容:

(1) 色谱柱的选择。本实验采用高效液相色谱法分析水中的酚类物质。根据酚类物质的极性,色谱柱可以选择 C8 或 C18 烷基键合相填料的色谱柱。

(2) 流动相的选择。反相色谱所采用的流动相通常是水或缓冲液与极性有机溶剂,如甲醇、乙腈的混合溶液。在分离分析疏水性很强的实际样品时,也可采用非水流动相从而提高其洗脱能力。本实验分析水相中的酚类物质,若选择 C8 柱可选用甲醇:水＝20:80(体积比)作为流动相,流速 0.8mL/min;若选用 C18 柱,流动相可选择 45%～80% 的乙腈,或 20% 乙腈及 80%0.01mol/L 磷酸混合液,流速 1.5mL/min。

(3) 定性分析。本实验采用绝对保留时间法进行定性分析。测定已知标准物质的保留时间,当待测组分的保留时间在已知标准物质的保留时间预定的范围内即被鉴定。

(4) 定量分析。本实验采用外标法进行定量分析。

(5) 评价色谱柱。通过实验数据计算下列参数评价色谱柱:柱效(理论塔板数)n、容量因子 K、相对保留值 α(选择因子)和分离度 R。为达到好的分离效果,n、α 和 R 值应尽可能大。一般的分离条件(如 $\alpha=1.2$,$R=1.5$)下,n 需达到 200,柱压一般为 104kPa 或更小。

(6) 参考色谱操作条件。色谱柱:(4.6mm×150mm,5μm)C8 或 C18 柱;柱温:35℃;流动相:甲醇:水＝20:80(体积比,有报道 55:45 为最佳),流速 0.5～0.8mL/min;或 20% 乙腈及 80%0.01mol/L 磷酸混合液、45% 乙腈(7.5min 内)至 80% 乙腈(2min 内),流速 1.5mL/min;紫外检测波长:270nm;进样量:20μL。

三、仪器和试剂

1. 仪器

1100 高效液相色谱仪；真空脱气装置；柱温箱（温控范围 10～80℃）；C8 或 C18 柱（4.6mm×150mm，5μm）；紫外型检测器；20μL 定量环；25μ 微量进样器；溶剂过滤器；滤膜（水相和有机相，0.45μm）；溶剂过滤头；超声清洗器。

螺纹口样品玻璃瓶；棕色容量瓶（500mL、50mL、10mL）；移液管（2mL）。

2. 试剂

邻苯二酚（分析纯）；间苯二酚（分析纯）；对苯二酚（分析纯）；甲醇（色谱纯）或乙腈（色谱纯）；异丙醇（色谱纯）。

四、实验步骤

1. 配制各组分的标准溶液：分别准确称取 50mg（精确到 0.1mg）邻苯二酚、间苯二酚和对苯二酚，用超纯水溶解后定容至 500mL 棕色容量瓶中，制成浓度为 100μg/mL 单一组分的标准溶液，作为定性用标准溶液，避光保存。

2. 配制混合组分的标准溶液：配制含有邻苯二酚、对苯二酚、间苯二酚各 100μg/mL 的混合标准样品溶液于 50mL 棕色容量瓶中，避光保存。

3. 配制系列浓度标准溶液：分别准确吸取混合标准溶液 0.2mL、0.4mL、0.6mL、0.8mL 和 1.0mL 于 10mL 容量瓶中，用水稀释至刻度，摇匀。该系列浓度标准溶液含有邻苯二酚、对苯二酚、间苯二酚浓度分别为 2μg/mL、4μg/mL、6μg/mL、8μg/mL 和 10μg/mL

4. 样品测定：用微量进样器取 20μL 试样依据下面仪器操作步骤进行分析。

五、仪器操作步骤

1. 溶液与溶剂的膜过滤和脱气处理：将以上样品溶液经 0.45μm 滤膜过滤后避光保存备用。流动相溶剂（甲醇和水）分别经滤膜过滤后超声脱气 10～20min，分别装入色谱仪指定储液瓶内。流动相使用前必须过滤，不要使用存放多日的去离子水（易滋生细菌）。

2. 安装好色谱柱（注意方向），将过滤脱气后的流动相组分（甲醇和水）分别加入储液瓶内。

3. 打开计算机进入操作系统；打开液相色谱仪泵、进样器、柱温箱、检测器等仪器模块电源，完成模块自检。

4. 进入液相色谱仪化学工作软件，设置色谱实验参数：泵流速 0.8mL/min，甲醇 20%～55%、水 45%～80%；最高压力设为 200psi；柱温 20～25℃；检测波长 270nm。

5. 运行仪器：打开泵的 Purge 阀，运行仪器控制系统（System On），泵入流动相，排空废液管内的气泡，关闭 Purge 阀，平衡色谱柱。同时，打开操作界面的信号监测窗口，选择所要监控的 270nm 的波长信号。待基线稳定，点击信号窗口的平衡按钮（Balance），调整零点。

6. 编辑样品信息：点击 "Run Control" 菜单，选择样品信息选项（Sample Info），编辑样品信息。

7. 进样分离，采集信号：选择手动进样方式（使用自动进样器请另外参考相关说明），用微量进样器分别进样 $20\mu L$ 上述各样品溶液（标准样品和混合样品，并稀释到线性范围），扳动进样阀至 "Inject" 位置。仪器开始自动记录分离过程。

8. 结束信号采集：待测物出完全峰后，按停止采集按钮（Post run 或 F8）停止采集，保存采集信息和图谱。

9. 数据分析和处理：进入数据分析系统，调用所保存的数据，优化谱图，优化积分，建立一、二级校正表，制作校正曲线，进行定性和定量分析，输出报告和结果。

10. 关机操作：关机前，用 100% 的水冲洗系统 20min，然后用有机溶剂（如乙腈）冲洗系统 10min（此法适用于反相色谱柱，正相色谱柱用适当的溶剂冲洗）。对于手动进样器，当使用缓冲溶液时，还要用水冲洗进样口，同时扳动进样阀数次，每次数毫升。若使用带 Seal-wash 的高效液相色谱仪，还要配制 90%水＋10%异丙醇的溶液，以每分钟 2～3 滴的速度虹吸排出，溶剂不能干涸。做好上述处理后再关泵。然后退出化学工作站及其他窗口，关闭计算机，最后关闭液相色谱仪电源开关。

11. 实验整理：色谱柱长时间不用，柱内应充满溶剂后存放，两端封死（如乙腈适用于反相色谱柱，正相色谱柱用相应的有机相封存）。

六、数据记录与结果处理

记录实验过程的相关参数和数据，利用色谱工作站进行数据分析和处理。

1. 调出色谱图，进行谱图优化、优化积分、建立数据表，绘制标准曲线，调用待测样品的色谱图，进行谱图优化、积分计算测定结果，设置报告打印格式输出实验报告。

2. 评价色谱柱的性能：根据实验所得结果计算色谱峰的保留时间、半峰宽，然后计算色谱柱参数 n、K，以及相邻两峰的 α、R。

七、注意事项

1. 本实验的重点是：样品和流动相的预处理，液相色谱仪的操作规程，工作站的使用和数据处理。

2. 注意试剂和样品的前期处理，一定要经滤膜过滤和脱气后才能使用。

3. 分离时注意观察柱压，若柱压很高，应检查液路和泵系统是否堵塞，及时更换试剂过滤头和泵上的过滤包头。

4. 注意保护检测器的光源，不检测时可暂时关闭光源以延长灯的使用寿命。

5. 注意保持试剂瓶和液路不受污染，更应防止水样发霉和细菌滋生。

6. 液相色谱仪为贵重精密仪器，使用仪器前一定要熟悉仪器的操作规程，在教师指导下进行练习，不可随意操作。甲醇、乙腈和酚类均为有毒试剂，避免吸入其蒸气或误服，按规定处理有机试剂，杜绝环境污染。

思考题

1. 从色谱原理、色谱仪器、操作技术和应用范围等方面，比较气相色谱法和液相色谱法的相同点和不同点。

2. 说明外标法进行色谱定量分析的优点和缺点。

3. 如何保护液相色谱柱？

4. 解释酚类化合物的洗脱顺序。

实验 3.7　气相色谱-质谱联用测定空气中的有机污染物

一、实验目的

1. 了解气相色谱-质谱联用仪（GC-MS）的结构、工作原理及分析条件。
2. 学习使用 GC-MS 分离空气中的有机污染物。
3. 了解外标法定量检测的基本原理和操作方法。
4. 掌握一种配制标准气体的方法。

二、实验原理

GC-MS 是定量测定痕量组分的方法。先选定待测物的质量范围，用单离子检测法或多离子检测法进行测定。气相色谱的作用是将混合物分离，分离后的化合物依次进入高真空的质谱。

外标法定量：取一定浓度的外标物，对其特征离子进行扫描，记下离子峰面积，以峰面积对样品浓度绘制校正曲线。在相同条件下对未知样品进行分析，再根据校正曲线计算样品中待测组分的含量。外标法的误差较大（在 10% 以内），是由样品处理和转移过程中的损失以及仪器条件变化等因素造成的。

本实验使用 GC-MS 检测空气中的有机污染物苯。苯是化学实验室、化工厂常用有机溶剂，在空气中的最高允许浓度仅为 $5mg/m^3$。

三、仪器和试剂

1. 仪器

6890/5975 气相色谱-质谱联用仪；容量瓶（10mL）；注射器（$50\mu L$、$100\mu L$、$1mL$、$100mL$）。

2. 试剂

苯（分析纯）；乙醚（分析纯）。

四、实验步骤

1. 0.01mg/mL 苯标准溶液的配制

用注射器吸取 $11.3\mu L$（10mg）苯，置于 10mL 容量瓶中，用乙醚稀释至刻度，摇匀。吸取此溶液 $100\mu L$ 置于另一 10mL 容量瓶中，用乙醚稀释至刻度，摇匀静置。

2. 实验条件的设置

开启 GC-MS，进行抽真空和检漏操作，并设置如下实验条件：

1）GC 色谱实验条件：HP-5 石英毛细管色谱柱 $30m \times 0.25mm \times 0.25\mu m$，进样口温度 60℃，柱初始温度 40℃，保持 1min，梯度升温到 50℃，升温速度 10℃/min，最后在 50℃ 保持 1min。

2）MS质谱实验条件：发射电流150eV，离子源温度200℃，电离方式EI，电子能量70eV，扫描范围15～250amu。

3. 空气样品中苯的测定

1）标准曲线外标定量法

在100mL注射器中放置一个直径2cm的锡箔，吸取洁净空气约10mL，在注射器口套一个胶皮帽。用一个100μL微量注射器吸取上述苯的标准溶液10μL，从胶皮帽处注入100mL注射器中。抽动注射器活塞使管内形成负压，从而让注入的液体迅速气化，将针筒倒立，去掉胶皮帽，抽取洁净空气至100mL，再套好胶皮帽，反复摇动针筒使其混合均匀。此时注射器内空气中苯的含量为$1mg/m^3$。重复上述操作，配制一系列混合标准气体，其中苯的含量分别为$0mg/m^3$、$1mg/m^3$、$2mg/m^3$、$4mg/m^3$、$6mg/m^3$、$8mg/m^3$和$10mg/m^3$。依次分别吸取上述各标准气体1mL进样，记录气相色谱-质谱图。每做完一种气体后需用后一种气体抽洗注射器9～10次。

用100mL注射器抽动空气3～5次后，现场收取100mL空气并迅速在注射器口套一个胶皮帽。

依次吸取上述标准气体及待测气体1mL进样，记录GC-MS图。

在"Processing setup"程序设置窗口设立定量检测条件，设定检测方法为外标法，应用设置的定量检测方法对上述标准样品及未知样品重新运行序列，从定量窗口查看运行结果。

2）定点计算外标定量法

除使用标准曲线外标定量法，也可用定点计算外标定量法。

只使用一种标准气体，基本操作与标准曲线外标定量法基本相同，但要保证标准气体与样品气体的峰高相近。

五、数据记录与结果处理

采用两种方法定量，比较两种方法的结果。

1. 标准曲线外标定量法

将标准样品中苯的浓度及相应峰的面积列于表3.7-1。

表3.7-1 标准样品中苯的浓度及相应峰的面积

样品编号	苯的含量 c（mg/m^3）	峰面积
空白	0	A_0
标样1	1	A_1
标样2	2	A_2
标样3	3	A_3
标样4	4	A_4
标样5	5	A_5
标样6	6	A_6
未知样品	c_s	A_s

根据表 3.7-1 中数据绘制苯的浓度 c-峰面积 A 的标准曲线，并根据未知样中苯的峰面积 A_s，在标准曲线中查出相应的 c_s 值。

采用标准曲线外标定量法时，应尽量使样品气体中待测组分的含量处于标准序列的内部。

2. 定点计算外标定量法

标准气体中苯的浓度计算见式（3.7-1）：

$$c_{标}(\mathrm{mg/m^3}) = \frac{V \times 0.01}{10} \times 10^{-3} \qquad (3.7\text{-}1)$$

式中，V 为配制标准气体时加入的苯的标准溶液体积（μL）。

样品中苯的含量计算见式（3.7-2）：

$$c_{样}(\mathrm{mg/m^3}) = \frac{A_{样}}{A_{标}} \times c_{标} \qquad (3.7\text{-}2)$$

式中，$A_{样}$ 为样品中苯的峰面积（$\mathrm{mm^2}$）；$A_{标}$ 为标准气体中苯的峰面积（$\mathrm{mm^2}$）。

采用定点计算外标定量法时，应尽量使标准气体与样品的峰高近似。

六、注意事项

1. 气体的采样要注意容器器壁的吸附作用，可以利用样品性质对器壁进行适当处理。

2. 注射器改换气体时注意用待测气体彻底抽洗。

3. 实验结果的处理采用标准曲线外标定量法和定点计算外标定量法两种方法。

思考题

1. 进样量过大或过小对质谱有什么影响？

2. 外标定量分析有哪些误差？

3. 为什么 GC-MS 是分析未知有机化合物的有力手段？

实验 3.8　气相色谱三重四极杆质谱联用分析天然水中有机氯农药残留

一、实验目的

1. 掌握气相色谱三重四极杆质谱仪（GC-MS-MS）的基本原理。
2. 了解气相色谱三重四极杆质谱仪的基本结构。
3. 掌握水质样品固相萃取前处理方法及注意事项。
4. 掌握气相色谱三重四极杆质谱定量分析的基本过程。

二、工作原理与仪器结构

本实验采用固相萃取方法，萃取天然水中有机氯农药残留，萃取液脱水、浓缩、定容后经气相色谱-质谱分离、检测，然后根据保留时间、碎片离子质荷比及不同离子丰度比定性，内标法定量。

气相色谱、质谱联用技术能充分发挥气相色谱高效的分离能力及质谱准确的定性能力，较其他气相色谱通用型检测器，质谱在定性分析方面具有绝对优势。串联质谱技术通过选择质荷比较大的母离子使之碎裂，并选择特定的子离子组成母子离子对，采用一个母离子和两个子离子即可对物质进行定性分析，选择合适的子离子即可对化合物进行定量分析。这种方法一方面可以排除基质干扰从而获得较高的选择性，同时通过子离子的图谱得到分子的特征信息，另一方面，可以将在色谱柱上不能完全分离的具有不同母离子的共流出物通过设置多通道检测方法分开，实现定性定量分析。

典型的气相色谱三重四极杆质谱结构如图 3.8-1 所示。气相色谱的流动相（载气）为惰性气体。当多组分的混合样品进入色谱柱后，由于色谱固定相对每个组分的吸附力不同，经过一定时间后，各组分在色谱柱中的运行速度也就不同。吸附力弱的组分容易被解吸下来，而吸附能力强的组分最不容易被解吸下来，因此各组分在色谱柱中彼此分离，依次进入质谱系统。质谱是一种测量离子质荷比（质量/电荷比）的分析方法。试样中各组分在离子源（如电子轰击源）中发生电离，生成不同质荷比的带正电荷的离子，经加速电场的作用，形成离子束，进入质量分析器。四极杆质量分析器是由四根棒状的电极组成，两对电极中间施加交变射频场，在一定射频电压与射频频率下，只允许一定质量的离子通过四级杆分析器而达到检测器。三重四极杆比单四极杆质谱具有更强大的分析功能，可以实现所有的 MS/MS 扫描方式，包括子离子扫描、母离子扫描、中性丢失扫描等。三重四极杆是目前普遍使用的四极杆质谱，第一级四极杆选母离子，第二级四极杆作为碰撞室对母离子进行碰撞解离，第三极、四极杆作为质量分析器完成离子分析。三重四极杆采集到的 MS/MS 质谱图信息量大，并且较少发生重排反应，能够实现精确的定量分析。

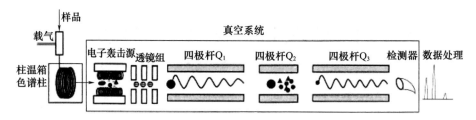

图 3.8-1 气相色谱三重四极杆质谱仪结构图

三、实验条件

1. 仪器设备

气相色谱质谱仪：Trace GC Ultra-TSQ Quantum XLS（Thermo Fisher）。

色谱柱：石英毛细管柱，长 30m，内径 0.25mm，膜厚 0.25μm，固定相为 35%苯基甲基聚硅氧烷。

固相萃取装置：可调节流速，流速范围 1～20mL/min。

2. 试剂与样品

天然水样品若干；纯水（Millipore）；二氧甲烷（农残级）；甲醇（农残级）；乙酸乙酯（农残级）；有机氯农药标准溶液（Organochlorine Pesticide Mix AB♯3，Restek）；内标溶液（Method 525.2 internal Standard Mix，Restek）；替代物标准溶液（p-terphenyl-d14，o2si）；质谱校准物质溶液（Decafluorotriphenylphosphine，o2si）；盐酸溶液；固相萃取小柱；填料为 C_{18} 或等效类型填料或组合型填料（市售），根据样品中有机物含量决定填料的使用量（若通过实验证实能够满足本方法性能要求，也可以使用其他填料的固相萃取小柱或固相取圆盘）；氦气（纯度≥99.999%）；氮气（纯度≥99.999%）。

3. 测试参数

以气相色谱三重四极杆质谱 Trace GC Ultra-TSQ Quantum XLS（Thermo Fisher）分析天然水中有机氯农药残留为例（不同仪器型号、不同性质样品应重新确定实验条件，见表 3.8-1）配置自动进样器。

进样口温度：250℃；进样方式：不分流进样 1.0μL；载气：氦气，恒流 1.0mL/min；传输线温度：280℃；离子源温度：200℃；电离方式：EI 源；质量范围：35～500amu；数据采集方法：选择反应监测（SRM）；气相色谱程序升温：60℃（1min），20℃/min 至 180℃（2min），5℃/min 至 280℃（5min）。

表 3.8-1 选择离子参数设定表

测定物质		母离子	定性离子	碰撞能力（ev）	保留时间（min）	定量离子
中文名称	英文名称					
氖代苊	Acenaphthene-D10	162.07	158.46，160.5	22	9.22	158.46
α-六六六	BHC＼，alpha	180.9	145.46，181.63	11	12.05	145.46

续表

测定物质		母离子	定性离子	碰撞能力 (ev)	保留时间 (min)	定量离子
中文名称	英文名称					
γ-六六六	BHC \，gamma	180.9	109.23，146.35	23	12.77	109.23
β-六六六	BHC \，beta	180.9	145.43，146.49	14	13.04	145.43
氘代菲	Phenanthrene-D10	188.11	160.38，188.55	23	13.47	160.38
δ-六六六	BHC \，delta	180.89	109.2，146.61	23	13.89	109.2
七氯	Heptachlor	271.77	235.1，237.12	15	15.35	235.1
二氯丙酸	Aldrin	262.83	191.44，193.4	25	16.58	191.44
环氧庚氯烷	Heptachlor epoxide	352.81	263.27，353.35	11	17.91	263.27
反式氯丹	Trance-Chlordane	372.79	264.05，266.02	17	18.75	264.05
顺式氯丹	Cis-Chlordane	372.79	264.07，265.93	15	19.2	264.07
4，4'-滴滴伊	4，4'-DDE	245.99	176.26，246.48	25	19.94	176.26
氘代对三联苯	p-Terpheny-D14	244.19	236.69，240.76	29	20.12	236.69
狄氏剂	Dieldrin	262.83	191.24，193.5	25	20.19	191.24
安特灵	Endrin	244.89	173.16，175.19	25	20.97	173.16
β硫丹	Endosulfan Ⅱ	194.9	123.03，125.25	24	21.35	123.03
4，4'-滴滴滴	4，4'-DDD	235.01	165.17，199.22	24	21.47	165.17
异狄氏醛	Endrin-aldehyde	344.85	207.08，245.25	27	21.86	207.08
硫丹硫酸酯	Endosulfan sulfate	271.78	235.2，237.16	15	22.71	235.2
P，P'-滴滴涕	4，4'-DDT	235.01	165.17，199.25	25	22.79	165.17
异狄氏剂酮	Endrin-ketone	316.85	244.9，281.14	14	24.46	244.9
氘代屈	Chrysene-D12	240.17	236.69，240.76	29	24.71	236.69
甲氧滴滴涕	Methoxychlor	227.11	141.23，169.37	24	24.79	141.23

四、实验步骤

1. 试剂准备

用移液器将有机氯农药标准溶液、内标溶液、替代物标准溶液及十氟三苯基膦质谱校准溶液逐级稀释，分别准确配制含有 $5.0\mu g/L$ 内标物质的 $1.0\mu g/L$、$2.0\mu g/L$、$5.0\mu g/L$、$10.0\mu g/L$、$20.0\mu g/L$、$50.0\mu g/L$ 和 $100.0\mu g/L$ 的有机氯农药系列标准溶液，$50.0mg/L$ 的内标溶液，替代物储备液及 $5.0mg/L$ 的十氟三苯基膦液质谱校准溶液。

2. 样品准备

1）样品前处理：固相萃取。

活化：每一个固相萃取注分别用 5mL 二氯甲烷、5mL 乙酸乙酯、10mL 甲醇和 10mL 水活化。活化时，甲醇和水不能流干（液面不低于吸附剂顶部）。

吸附：将 1L 水样倒入固相萃取装置的分液漏斗中，用 6mol/L 的盐酸调节 pH 至小于 2，加入 5mL 甲醇，混匀，加入 0.1mL 50.0mg/L 的内标溶液及替代物储备液，立刻混匀，此时内加标物在水中的浓度为 5.0μg/L，水样以约 15mL/min 的流速通过固相萃取柱。

干燥：用氮气干燥固相萃取柱（氮吹 10min）。

洗脱：将 125mL 的分液漏斗和固相萃取柱转移至洗脱装置中，先用 5mL 乙酸乙酯清洗 2L 的分液漏斗和样品瓶，洗脱液通过固相萃取柱进入收集瓶，再用 5mL 二氯甲烷清洗分液漏斗和样品瓶，洗脱液通过固相萃取柱进入同一收集瓶。洗脱液通过干燥柱并用 10mL 收集管收集，用 2mL 二氯甲烷清洗干燥柱，洗脱液收集于同一收集瓶。洗脱液在 45℃ 下，氮吹浓缩，最后用乙酸乙酯定容至 0.5mL。

2）样品加标

分别取 0.1mL、0.5mL、1.0mL 浓度为 50mg/L 的混合标准溶液至 3 份平行的 1L 水样中，按照上述样品前处理步骤进行样品制备，各浓度加标样品平行制备 3 份。

3. 上机分析

1）仪器使用前用全氟三丁胺（FC-43）对质谱仪进行质量数、分辨率和灵敏度调谐。

2）打开"Xcalibur"软件，点击"method"（方法）按钮，按照色谱及质谱条件分别进行参数设定，并根据自动进样器型号设定进样体积、洗针方法等参数，保存方法。

3）点击"sequence"（序列）按钮，设置标准样品及未知样品型号、进样次数、测定方法及稀释倍数等参数，保存序列文件 1。

4）点击"start"（开始）按钮，开始执行分析。

5）仪器每运行 24h 需注入 1.0μL 5.0mg/L 十氟三苯基膦质谱校准溶液，所得质量丰度应满足要求（EPA 8270C）；否则，检查仪器系统，必要时进行清洗维护，然后重新利用 FC-43 调谐，再进行十氟三苯基膦性能检查。

五、实验结果与数据处理

1. 采集数据完毕后，点击"process"（处理）按钮，调用任一标准样品数据（建议选择较低浓度标准样品数据）依次执行色谱峰积分、色谱峰识别、标准样品浓度等参数设置，保存数据处理方法。

2. 打开保存的序列文件 1，点击"process"（处理）按钮，调用保存的"process"（处理）文件，另存序列文件 2，执行处理。

3. 点击"Quantity"（定量）按钮，打开序列文件 2，即可获得处理后的结果，包括标准曲线等相关信息。

4. 根据加标样品的分析结果等信息，计算固相萃取前处理的加标回收率。加标回收率计算公式如式（3.8-1）：

$$回收率（\%）=\frac{加标试样测定值-试样测定值}{加标值}\times100\% \tag{3.8-1}$$

六、注意事项

1. 质谱调谐校准之前，确保质谱仪无漏气现象，可通过观察水峰和氮气峰比例进行判断。通常情况下，当质荷比为 28 与质荷比为 18 的峰强度比值小于 2 时表明不漏气。

2. 样品固相萃取完毕，应确保样品中不含水，以免对色谱柱及质谱离子源组件带来影响。

思考题

1. 简述气相色谱三重四极杆质谱仪的工作原理及其基本结构。

2. 简述水质样品固相萃取的前处理方法以及操作注意事项。

实验3.9　热脱附-气相色谱-质谱联用法测定车内空气中的苯系物

一、实验目的

1. 了解气相色谱-质谱联用仪（GC-MS）的组成结构及各部分功能。
2. 掌握 GC-MS 测定挥发性有机物的原理和特点。
3. 掌握热脱附方法的采样及与 GC-MS 的联用方法。
4. 掌握谱库检索定性的基本方法及外标法定量的方法和特点。
5. 了解利用弱极性毛细管柱测定非/弱极性有机物的注意事项。

二、实验原理与仪器结构

1. 气相色谱-质谱联用仪的组成

气相色谱-质谱联用仪与普通的气相色谱仪类似，由载气系统、进样系统、分离系统、检测系统和记录系统组成，特殊的是其检测系统是质谱仪，即质谱仪可以看作是气相色谱的检测器。

2. 质谱仪

质谱仪包括进样系统、离子源、质量分析器、检测器等部件。由气相色谱柱分离后的待测物质在离子源中以电子轰击或其他的方式离子化，形成不同质荷比（m/z）的离子。在质量分析器中，离子按不同的质荷比分离，到达倍增电极，其强度被测量，从而被物质的分子量和结构信息确定。按照质量分析器的不同，质谱仪可分为四极杆质谱仪、离子阱质谱仪、飞行时间质谱仪和磁质谱仪等。本实验使用的是单四极杆质谱仪，工作原理示意图如 3.9-1 所示。

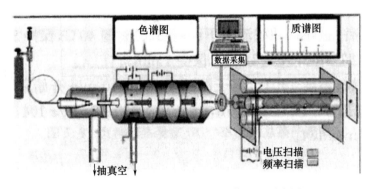

图 3.9-1　单四极杆 GC-MS 工作原理示意图

3. 谱库检索的定性方法

以相同的 70eV 能量电子轰击样品束，同一物质应具有相同的质谱图。国际上通用的标准质谱库收集了大部分已知化合物在 70eV 电子轰击电离源下产生的质谱图，如 NIST 库。用未知物组分的质谱与质谱库中的标样图比对，按照相似度可排列出可能的化合物。如果要进一步确认，则需用标准样品进样，以保留时间辅助确定。

4. 外标法定量

外标法是色谱分析中基本的定量方法。当样品中所有组分都得到良好的分离并都能被检出而得到色谱峰时，则可利用外标法定量计算样品中各组分的浓度。外标法要求标准样品和未知样品在同样条件下分析，进样量准确（最好用自动进样器），只需对分析的组分峰作校正，绘制待分析组分的浓度或绝对量对该色谱峰面积的校正曲线，计算未知样中该组分浓度或绝对量。根据情况可作单极校正或多极校正。

5. 非极性/弱极性毛细管气相色谱柱

苯系物是非极性化合物，部分有弱极性，针对苯系物样品的测定，选择固定相为5％苯基-95％二甲硅亚芳基硅氧烷的非极性柱 DB-5MS，"MS"是指针对质谱检测器设计的低流失气相色谱柱。

6. 热脱附进样

将装有吸附剂（如 Tenax TA）的吸附管接在经流量校正的大气采样泵上，以一定流速（50～200mL/min）采集一段时间，则所采气体中的有机物被捕集到吸附管中。将吸附有待测物的吸附管置于与 GC 相连的热脱附装置上。当热脱附装置快速升温时，挥发性组分从固体吸附剂中释放出来，随载气进入 GC 进行分析。

三、实验条件

1. 仪器设备

Trance DSQ Ⅱ 气质联用仪（美国 Thermo Fisher 公司）；Turbo Matrix ATD 热脱附仪（美国 Perkin Elmer 公司）；DB-5MS 色谱柱（30m×0.25mm×0.25μm）；Tenax TA 吸附管（60～80 目，200mg）若干；低流量采样泵（盐城鑫宝）；2mL 色谱进样瓶若干；10μL 微量进样针；高纯氦气；高纯空气。

2. 试剂与样品

标准储备液：2000mg/L 的 9 种苯系物（甲醇）标准溶液（苯，甲苯，氯苯，间二甲苯，苯乙烯，异丙苯，正丙苯，1，3，5-三甲苯，叔丁苯）。

待测样品：乘用车内空气，用 Tenax TA 吸附管参考标准《车内挥发性有机物和醛酮类物质采样测定方法》（HJ/T 400—2007）采集的样品若干。

3. 测试参数

（1）热脱附条件：干吹 1min，270℃解析 5min；二段式脱附模式，冷肼－30℃，以40℃/s 升至 270℃，脱附 10min，脱附流速 50mL/min；注压力 125kPa，出口分流100mL/min。

（2）气相色谱条件：进样口和柱流量不设，色谱柱初温 40℃，保持 3min，以2℃/min升至 60℃，保持 1min，8℃/min 升至 180℃，保持 1min。

（3）质谱条件：接口温度 180℃，离子源温度 200℃，0min 开始采集数据，全扫描范围 35～350（质荷比），SIM 扫描：质荷比为 77，78，91，92，104，105，106，112，120，134。

四、实验步骤

1. 液体标准样品配置

取 3 个 2mL 色谱进样瓶，先用 1mL 移液器分别加入 $995\mu L$、$980\mu L$ 和 $950\mu L$ 甲醇，然后用微量进样针或移液器分别加入 $5\mu L$、$20\mu L$ 和 $50\mu L$ 2000mg/L 的标准储备液，配制 10mg/L、40mg/L 和 100mg/L 的苯系物标样。

2. 标准样品吸附管制作

取 3 根预老化的吸附管，打开吸附管一端螺母，用 $10\mu L$ 微量进样针分别取 10mg/L、40mg/L 和 100mg/L 的苯系物标样 $1\mu L$，注入吸附管中的不锈钢滤网上；另外取 2 根吸附管，分别注入 $4\mu L$ 和 $10\mu L$ 的 100mg/L 的苯系物标样，5 根吸附管中分别含苯系物标样 10ng、40ng、100ng、400ng 和 1000ng。将吸附管连接至气相色谱填充柱进样口（或者其他装置），用 100mL/min 高纯氮气吹吸附管 5min，取下后立即用螺母密封吸附管两端。

3. 采集样品

将预先老化（280℃，45min）好的吸附管用硅胶管连接在采样泵的进样口上，放置在门窗紧闭的车内中心点位置上，以 100mL/min 的流速，采集 30min。同时，在两辆车上采集样品，每车采集两个平行样。

4. 仪器准备和上机分析

设置仪器方法，将标准样品吸附管和样品管按顺序放置在热脱附仪上，在 GC-MS 上设置相应采集序列，点击"run sequence"（运行序列）开始测试。

5. 测试结束后，将"standby"（待机）方法传给 GC-MS，关闭热脱附仪，记录所需数据。

五、实验结果与数据处理

测试结束后，调出标准样品的全扫描（Full Scan）质谱图。通过标准质谱库检索，对每个峰进行定性分析，确定要定量的 9 种组分的保留时间。9 种苯系物在 GC-MS 上的总离子流图如图 3.9-2 所示，峰 1～9 是目标组分。调出 SIM 图（或 n 图），对这些色谱峰进行积分处理，记录每个峰的峰面积，作出各组分的峰面积与浓度全扫描的外标法标准曲线图。使用同样方法对样品的色谱峰进行定性，并根据标准曲线计算所测样品中相关组分的实际含量。

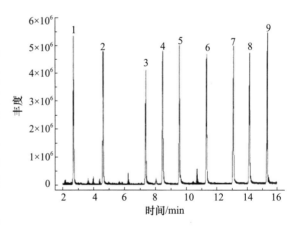

图 3.9-2　9 种苯系物在 GC-MS 上的总离子流图
1—苯；2—甲苯；3—氯苯；4—间二甲苯；5—苯乙烯；6—异丙苯；7—正丙苯；8—1，3，5-三甲苯；9—叔丁苯

六、注意事项

1. GC-MS 使用前需做仪器性能检查，如真空度是否合格，检查水峰、N_2 峰、O_2 峰比例来看仪器是否漏气；用全氟三丁胺（PFTBA）调谐仪器，其响应强度和离子丰度比例能反映质谱仪的灵敏度和分辨率；进 50mg/L 对氟溴苯（BFB）$1\mu L$，用来检查 GC-MS 的综合性能，要求 BFB 峰不拖尾，且各碎片离子相对丰度符合要求。

2. 采样前的吸附管均需老化，以保证无残留。开始测试标准样品管和待测样品管前，需做单独的 GC-MS 空白、ATD（热脱附）-GC-MS 空白和空白吸附管空白，以便处理样品数据。

3. 如果实验目的为判断乘用车空气质量是否适合国家质量标准，则需按照采样标准要求，乘用车应在采样前打开所有车窗、车门，静止至少 6h，之后再密闭，静止 16h 后采样。

思考题

1. 热脱附管中常用的填料有哪些？各自适用范围是什么？

2. 热脱附法可以测定空气中的半挥发性有机物吗？请举例说明。

第四章　环境样品二噁英预处理及仪器分析

实验 4.1　烟道气二噁英类和多氯联苯（含类二噁英多氯联苯）样品预处理及分析

一、实验目的

1. 掌握高分辨质谱仪的测定原理及实验方法。
2. 掌握烟道气采样方法及前处理流程。
3. 掌握二噁英数据分析及表达。

二、高分辨质谱仪仪器原理

质谱仪是分离和检测不同同位素的仪器。仪器的主要装置放在真空中。质谱仪将物质气化、电离成离子束，经电压加速和聚焦，然后通过磁场电场区，不同质量的离子受磁场电场的偏转不同，聚焦在不同的位置，从而获得不同同位素的质量谱。

质谱分析法主要是通过对样品离子的质荷比进行分析而实现对样品的定性和定量。因此，质谱仪必须有电离装置把样品电离为离子，由质量分析装置把不同质荷比的离子分开，经检测器检测之后可以得到样品的质谱图，由于有机样品、无机样品和同位素样品等具有不同形态、性质和不同的分析要求，所用的电离装置、质量分析装置和检测装置也有所不同。但是，不管是哪种类型的质谱仪，其基本组成是相同的，都包括离子源、质量分析器、检测器和真空系统。

质谱仪最主要的用途是分离同位素并测定它们的原子质量及相对品貌，测定原子质量的精度超越化学测量，大约 2/3 以上的原子的准确质量是用质谱仪测定的；根据质量和能量的当量关系可获得有关核构造与核连系能的常识；通过矿石中提取的放射性衰变产品元素的剖析测量，可确定矿石的地质年代。质谱仪还可用于有机化学剖析，特别是微量杂质剖析，测量分子的分子量，为确定化合物的分子式和分子构造提供可靠的数据。因为化合物有着像指纹一样的共同质谱，质谱仪在工业出产中也获得普遍使用。

质谱仪以离子源、质量分析器和离子检测器为核心。离子源是使试样分子在高真空条件下离子化的装置。电离后的分子因接受了过多的能量，会进一步碎裂成较小质量的多种碎片离子和中性粒子。它们在加速电场作用下获取具有相同能量的平均动能而进入质量分析器。质量分析器是将同时进入其中的不同质量的离子，按质荷比（m/z）大小分离的装置。分离后的离子依次进入离子检测器，采集放大离子信号，经计算机处理，绘制成质谱图。离子源、质量分析器和离子检测器各自有多种类型。质谱仪按应用范围分为同位素质谱仪、无机质谱仪和有机质谱仪；按分辨率分为高分辨、中分辨和低分辨质谱仪；按工作原理分为静态仪器和动态仪器。

质谱仪的组成，除了在测量原理中介绍的质量分离部件外，还包括以下几部分：

（1）电学系统。电学系统包括供电系统和数据处理系统。

（2）真空系统。真空系统的作用是使进样系统、离子源、质量分离部件和检测器保持一定的真空度，以保证离子在离子源及分析系统中没有不必要的粒子碰撞、散射效应、离子-分子反应和复合效应。

（3）检测器。检测器的作用是检测从质量部件中出来的电子，即接收离子后将其变成电流，或者溅射出二次电子且被逐级加速倍增后成为电信号输出。检测器一般采用法拉第筒、电子倍增检测器、后加速式倍增检测器。

三、实验依据及适用范围

1. 实验依据：《环境空气和废气 二噁英类的测定 同位素稀释高分辨气相色谱-高分辨质谱法》（HJ 77.2—2008）；规范了烟道气中二噁英类和多氯联苯样品的分析流程，确保前处理过程的准确性，保证检测工作顺利进行、检测结果准确可靠、操作人员和设备安全。

2. 适用范围：适用于烟道气中二噁英类和多氯联苯样品的萃取、净化、浓缩及测试。

四、仪器和试剂

1. 仪器

Waters 气相色谱-高分辨磁质谱联用仪（AutoSpec Premier）。

2. 试剂

甲苯（农残级）；正己烷（农残级）；二氯甲烷（农残级）。

五、样品预处理步骤

1. 样品预处理

1）样品的干燥

①实验材料：干燥器，电子天平（万分之一）。

②操作步骤：将烟道气样品（玻璃纤维滤筒、XAD_2 树脂和冷凝水）中除水以外的介质置于干燥器中进行干燥，冷凝水需经过固相萃取。然后将玻璃纤维滤筒、经过固相萃取的冷凝水与 XAD_2 树脂合并，进行干燥后，使用 Dean-Stark/索式抽提系统进行索式抽提。

2. 样品的提取

1）Dean-Stark/索式抽提

① 实验材料：六连电热套（500mL）；Dean-Stark/索式抽提器（250mL）；循环冷却水；已净化定量纤维滤纸；万分之一电子天平；旋转蒸发仪；已活化铜片；镊子、剪子、手套等；甲醇、丙酮、二氯甲烷、甲苯和正己烷（农残级）；已净化无水硫酸钠。

② 抽提操作步骤：

A. 所用的玻璃器皿使用前用二氯甲烷淋洗三次；

B. 抽提器用洗涤剂彻底清洗，然后以 50℃超声 20min，依次用自来水和蒸馏水洗至中性烘干，使用前用二氯甲烷淋洗三次；

C. 冷凝器依次用甲醇、丙酮、二氯甲烷、甲苯和正己烷淋洗干净；

D. 无水硫酸钠要在 450℃马弗炉中烧 4h，过滤前用正己烷淋洗三次，弃流出液；

E. 铜片用 1∶1 的盐酸浸泡搅拌 10min，然后用蒸馏水洗至中性，再用甲醇、丙酮、二氯甲烷、甲苯和正己烷各淋洗一遍，最后用正己烷浸泡备用（活化后要尽快使用），为了将样品中的硫分彻底除去，铜片加入底部接收烧瓶中。

注：此步骤可用于样品含硫量较高时，排除硫对分析结果的干扰，可依样品实际情况决定是否做这个步骤。

F. 加入 50～100pg/μLEPA 1613 LCS 标样 20ML，以甲苯为溶剂使用 Dean-Stark/索式抽提器对样品进行萃取，并酌情加入上一步骤活化过的铜片除硫。抽提时间是 48h。

G. 如有需要，用预处理过的无水硫酸钠过滤以除去残余水分和铜片。将抽提所得提取液在 60℃、0.9kPa、16～22℃循环冷却水条件下旋蒸浓缩至约 1mL。

对于煤燃烧后的飞灰样品萃取后仍有沥青的存在可按以下方法进行处理：

如果发现浓缩液为黑色浓稠状，可按 1∶40（体积比）（浓缩液∶正己烷）的比例在烧瓶中加入正己烷，放进冰箱中 0℃过夜后，将上层溶液转移至另外一个烧瓶。用 20mL 正己烷洗涤三次原烧瓶，并将洗涤液与之前转出的正己烷溶液混合，进行接下来的分析。

2）冷凝水萃取

本实验冷凝水萃取方法参考《水样品种二噁英类样品分析流程》中水样的萃取方法相关内容。萃取后可将水分抽干，干燥至恒重后，与玻璃纤维滤筒、XAD$_2$ 树脂等合并起来进行索式抽提。萃取后可用合适的溶剂将其洗脱后，与甲苯萃取液合并进行净化处理。

3. 样品的净化

将上述 1）和 2）部分的萃取液合并，取 1/2 备份，将剩下的 1/2 溶剂浓缩至近干，接着进入净化流程。

1）酸性硅胶-多段硅胶柱净化

① 实验材料：酸性硅胶（42%），碱性硅胶（33%），中性硅胶（550℃活化 8h），酸性硅胶和碱性硅胶均用活化过的中性硅胶制备；硅烷化玻璃棉；已净化无水硫酸钠；玻璃棒（ϕ4mm×L300mm）；平底烧瓶（250mL）；层析柱（I. D. 30mm×L350mm），250mL 球形漏斗和 Teflon 活塞；旋转蒸发仪。

② 多段硅胶柱操作步骤

如前所述，该柱首先要用甲醇、丙酮、二氯甲烷、甲苯和正己烷五种溶剂依次淋洗，风干后方可装柱。酸性硅胶-多段硅胶柱填料的装填顺序见图 4.1-1（由下至上装填）。本实验室采用干法装柱，装柱过程中要将填料拍实，用 50mL 正己烷溶液预冲洗。

硅胶柱装填结束后，预冲洗过程中切忌任何会使其发生振荡的剧烈动作，以防填料间出现断层，一旦出现断层则废弃使用。当正己烷流至与无水硫酸钠平面相齐时，将活塞关闭，用正己烷或二氯甲烷淋洗该活塞。之后，将萃取浓缩液用滴管上于该柱，然后用 1mL 正己烷溶液分三次充分洗涤萃取液烧瓶，然后将洗涤液加进酸性硅胶-多段硅胶柱。再取 100mL 正己烷与二氯甲烷的混合溶液（97：3，体积比）充分洗涤烧瓶，该洗涤液仍加进多段硅胶柱，用 250mL 烧瓶接收，并在 40℃、0.6kPa、16~22℃循环冷却水条件下旋蒸浓缩至约 1mL，得初步净化的样品浓缩液。之后按后续步骤继续操作。

2）碱性氧化铝柱净化

① 实验材料：硅烷化玻璃棉；已净化无水硫酸钠；玻璃棒（φ4mm×L300mm）；平底烧瓶（250mL）；层析柱（I.D.8mm×L200mm），250mL 球形漏斗和 Teflon 活塞；旋转蒸发仪；碱性氧化铝。

② 碱性氧化铝柱操作步骤

碱性氧化铝柱在装填碱性氧化铝之前也要用甲醇、丙酮、二氯甲烷、甲苯和正己烷五种溶剂按极性由大到小顺序淋洗，风干后按图 4.1-2 所示顺序将碱性氧化铝由下到上装柱。

层析柱填充完毕后用 50mL 正己烷预冲洗。当溶液流至与无水硫酸钠相平时，上初步净化的样品浓缩液，并用 1mL 正己烷溶液洗涤盛放初步净化样品浓缩液的烧瓶，洗涤 3 次，并将每次的洗涤液都加到碱性氧化铝柱中。当混合溶液流至与无水硫酸钠平面相齐时加入新配的正己烷和二氯甲烷的混合溶液（49：1，体积比）80mL，当该部分洗脱液流至与无水硫酸钠平面相齐时加入新配的正己烷和二氯甲烷的混合溶液（1：1，体积比）100mL，接取该部分流出液，二噁英主要在一段洗脱液中。最后在 40℃、0.6kPa、16~22℃循环冷却水条件下旋蒸浓缩至约 1mL 后执行后续步骤 3"氮吹浓缩及加标"。

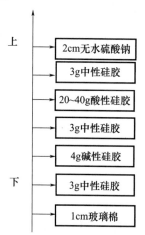
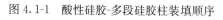

图 4.1-1　酸性硅胶-多段硅胶柱装填顺序

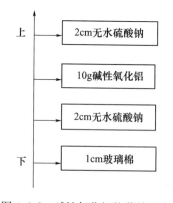

图 4.1-2　碱性氧化铝柱装填顺序

3）氮吹浓缩及加标

① 实验材料：1.5mL 旋盖尖底小瓶；氮吹仪（含氮气）一套；EPA 1613 ISS 标样（20pg/μL）

② 操作步骤

将经碱性氧化铝柱净化得到的浓缩液用二氯甲烷溶液转移至 1.5mL 尖底瓶中，最少用二氯甲烷溶液淋洗 4 次，每次 1mL，最后浓缩体积约为 10uL，如果样品呈无色且无明显的脂状物存在，可加入 20pg/μLEPA 1613 ISS 内标 20μL，反之则要重复多段硅胶柱操作步骤或碱性氧化铝柱操作步骤净化。

思考题

1. 结合文献说明空气及废气进行二噁英测试前其预处理方式的异同。
2. 查找文献说明如何测试高 VOCs 废气中的二噁英？

实验 4.2 固体废物二噁英类样品预处理及测试

一、实验目的

1. 掌握高分辨质谱仪的测定原理及实验方法。
2. 掌握固体废物采样方法及前处理流程。
3. 掌握数据分析及表达。

二、高分辨质谱仪仪器原理

详见实验 4.1 "2. 高分辨质谱仪器原理"。

三、实验依据及适用范围

1. 实验依据:《固体废物 二噁英类的测定 同位素稀释高分辨气相色谱-高分辨质谱法》(HJ 77.3—2008);规范了固体废物样品中二噁英类样品的分析流程,确保前处理过程的准确性,保证检测工作顺利进行、检测结果准确可靠、操作人员和设备安全。

2. 适用范围:适用于固体废物中二噁英类污染物的样品处理及其定性和定量分析。

四、样品预处理

1. 样品预处理

1)实验材料:1L 分液漏斗;1L 砂芯过滤器;真空泵;鼓风干燥器;正己烷(农残级);二氯甲烷(农残级);玻璃纤维滤膜,孔径 $0.45\mu m$(使用前于马弗炉中 450℃灼烧 4h 后,放置在干燥器中冷却至室温)。

2)实验步骤:

① 样品的制备

固态样品:固态样品制样方法参照《工业固体废物采样制样技术规范》(HJ/T 20—1998)执行,工业固体废物和危险废物焚烧处理后的灰渣和飞灰,需经风干和粉碎研磨处理以减少样品的粒度。用机械方法或人工方法破碎和研磨样品,筛分后使样品的 95% 达到 2mm(10 目)以下的粒径。样品经混合和缩分后即称分析用样品。

液态样品:液态样品制样时,应充分混匀并缩分。样品的混匀采用人工或机械搅拌方法进行。样品混匀后,采用二分法,每次减量一半,最终样品量为检测分析用样品的 10 倍左右。

半固态样品:半固态样品制样时,样品经自然风干后,用机械或人工方式破碎和研磨,筛分后使样品的 95% 达到 2mm(10 目)以下的粒径。半固态的样品在制样的同时应测定含水率。

② 含水率的测定

参照《固体废物 浸出毒性浸出方法 醋酸缓冲溶液法》(HJ/T 300—2007),称取 50~100g 样品置于具盖容器中,于 105℃烘干,恒重两次称量值的误差小于 ±1% 后,计算样品的含水率。样品质量含有初始液相与滤渣质量之和时，应将样品进行压力过滤，再测定滤渣的含水率，并根据总样品量（初始液相与滤渣质量之和）计算样品中的干固体百分率。

③ 液态样品的萃取

水溶性样品：称取一定量混合均匀的液态样品，按照每 1L 水溶性样品加 100ml 二氯甲烷（或甲苯）的比例，用二氯甲烷（或甲苯）振荡萃取，重复三次。萃取液用无水硫酸钠脱水，作为该液态样品的提取液。

油状样品（含油淤泥、化学反应釜脚）：称取一定量的油状样品（含油淤泥、化学反应釜脚），放入盛有 50ml 甲苯的烧杯中，搅拌至可溶解成分完全溶解。用布氏漏斗及玻璃纤维滤膜过滤甲苯处理液。将玻璃纤维滤膜和不溶性残渣放入培养皿中，并转移至洁净的干燥器中充分干燥。经布氏漏斗过滤得到甲苯提取液。分离后的水溶性样品用二氯甲烷（或甲苯）振荡萃取，重复三次。充分干燥后的玻璃纤维滤膜和不溶性残渣以甲苯为溶剂进行索氏提取 16h 以上得到萃取液。将上述萃取液和甲苯提取液混合，作为该油状样品的提取液。

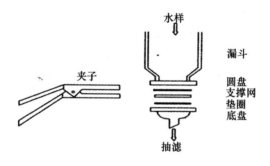

图 4.2-1　固相萃取装置萃取部分示意图

④ 固态样品的提取

称取一定量制备好的固态样品，用 2mol/L 的盐酸处理 1h，1g 固态样品至少加 20mL 盐酸。搅拌固态样品，使其与盐酸充分接触并观察发泡情况，必要时再添加盐酸，直到不再发泡为止。若样品中不含炭状物，可以省略盐酸处理，直接进行提取操作。用布氏漏斗过滤盐酸处理液，并用水充分冲洗固态样品，再用少量甲醇或（丙酮）去除水分。将玻璃纤维滤膜和固态样品放入培养皿中，转移至洁净的干燥器中充分干燥。盐酸处理液按照每 1L 溶液加 100mL 二氯甲烷的比例，振荡萃取，重复三次，萃取液用无水硫酸钠脱水，充分干燥后的玻璃纤维滤膜和固态样样品进行索氏提取，见图 4.2-1。

2. 样品的提取与净化

1）实验材料

① 仪器设备：电热套（500mL）；脂肪抽出器（250mL）；循环冷却水机；万分之一电子天平；百分之一电子天平；旋转蒸发仪；氮吹仪。

② 试剂、耗材：甲醇（优级纯，农残级）；丙酮（农残级）；二氯甲烷（农残级）；甲苯（农残级）；正己烷（农残级）；已净化定量纤维滤纸（加入甲醇超声 1h，再加入

二氯甲烷超声 1h，在干燥器中干燥待用）；镊子、剪子、手套等；硅烷化玻璃棉（使用前于马弗炉中 450℃灼烧 4h）；无水硫酸钠（使用前于马弗炉中 450℃灼烧 4h）；已活化铜片，铜片用 1∶1 的盐酸浸泡搅拌 10min，然后用蒸馏水洗至中性，再用甲醇、丙酮、二氯甲烷、甲苯和正己烷各淋洗一遍，最后用正己烷浸泡备用（活化后要尽快使用），为了将样品中的硫分彻底除去，铜片加入底部接收烧瓶中（此步骤可用于样品含硫量较高时，排除硫对分析结果的干扰，可依样品实际情况决定是否做这个步骤）。

2）索式抽提操作步骤

① 所用的玻璃器皿使用前用二氯甲烷淋洗三次。

② 向固相萃取的样品中加入 EPA 1613 LCS 标样或等同的内标 500～1000pg，以体积比为 1∶1 的正己烷、二氯甲烷为溶剂进行索式抽提，对样品进行萃取，此时，酌情加入（或不加入）已活化过的铜片除硫，抽提时长为 16～24h（如有需要，用预处理过的无水硫酸钠过滤以除去残余水分和铜片），将抽提所得提取液用旋转蒸发仪浓缩至约 1mL。

③ 将固相萃取（索式抽提液）和液液萃取的萃取液混合（若样品要求留样时，取 1/2 备份），将抽提所得提取液用旋转蒸发仪浓缩至约 1mL。向浓缩后的样品中加入 4mL 二氯甲烷，用一次性巴斯滴管吸取溶液冲洗烧瓶内壁 20～30 次，并将样品全部转移到 30mL 的样品瓶中，重复操作三次，并将样品氮吹浓缩至近干后再加入 7mL 正己烷。

3）浓硫酸净化操作

向样品中加入 8mL 浓硫酸，用旋涡振荡器进行振荡后，放入离心机中，以 3000r/min 的转速进行 1min 的离心，用一次性巴斯滴管吸去下层的浓硫酸，重复操作至少三次，直至下层浓硫酸为透明无色。再向样品中加入 7mL 正己烷，旋涡振荡均匀，放入离心机中，以 3000r/min 的转速进行 1min 的离心，接着用滴管吸取上层的样品，重复操作三次。

4）酸性硅胶-氧化铝柱操作

① 酸性硅胶（30%）的配制：中性硅胶在 180℃活化 8h，然后放入干燥器冷却 30min，备用，用浓硫酸进行配制。

② 柱子的填充（图 4.4-2）：往柱子中加入适量玻璃棉，用玻璃棒按压平整，用二氯甲烷清洗并用吹风机吹干，量好 8cm 酸性硅胶和 8cm 氧化铝的位置（用马克笔做好标志），然后分别填充酸性硅胶和氧化铝至 8cm 刻度线。

③ 样品的转移：用 15mL 正己烷分两次加入酸性硅胶柱，再用 28mL 分开 4 次，每次大概 7mL 冲洗样品瓶，把样品转移到酸性硅胶柱中，然后用约 2mL 正己烷冲洗柱壁。

④ 柱子的淋洗：待酸性硅胶柱里的溶液滴完后，把酸性硅胶柱移开。向氧化铝柱中分四次加入共 8mL 正己烷和二氯甲烷的体积比为 94∶6 的混合液，每次 2mL（1 滴管约等于 1mL），溶液收集起来，备用。

⑤ 样品的洗脱：待氧化铝柱近干，立即将废液接收的烧杯移开，换成 30mL 的样品接收瓶，然后向氧化铝柱中分四次加入体积比为 60∶40 的正己烷和二氯甲烷，每次 4mL，共计 16mL，收集样品。

3. 过活性炭柱（视样品情况可删减此步骤）

先安装好柱子，活性炭 4 格，玻璃棉两端各 2 格（中间的活性炭要用玻璃棒压紧），如图 4.4-3 所示。用 10mL 甲苯分 3～4 次加入冲洗柱子，再加入 6mL 正己烷冲洗柱子。冲洗完就把柱子反过来，分 4 次加入正己烷和二氯甲烷的体积比为 1：1 的淋洗液 8mL，每次 2mL，冲洗样品瓶。然后加入二氯甲烷、甲醇、甲苯的体积比为 15：4：1 的混合液。待溶液流完后，把柱子反过来，加入 30mL 甲苯，旋蒸至干。

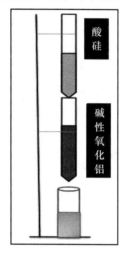

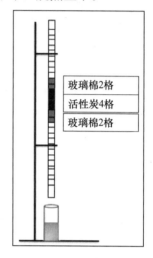

图 4.4-2　酸性硅胶＋氧化铝柱　　　　图 4.4-3　活性炭柱

4. 氮吹浓缩及加标

分三次加入 1.5mL 二氯甲烷冲洗样品瓶，并转移至 1.5mL 的样品瓶中，放置一个晚上或直接用氮吹仪进行氮吹，待二氯甲烷挥发完后，加入进样内标（10pg/μL EPA 1613 ISS 标样或 EDF—5999）200pg 定容。

五、样品测试

1. 仪器分析

1）色谱条件

色谱柱：DB5-MS（60m×0.25mm×0.25μm）；进样口温度：280℃；传输线温度：250℃；进样方式：不分流；载气流量：1.0mL/min，恒流。

升温程序（可根据仪器状态进行调整）：

① 推荐程序 1：170℃保持 1.5min，20℃/min 至 220℃（保持 5min），再以 1.0℃/min 至 240℃（保持 10min），最后以 5℃/min 至 300℃（保持 9min）。

② 推荐程序 2：90℃保持 2min，18℃/min 至 220℃（保持 3min），再以 1.4℃/min 至 260℃（保持 4min），最后以 4℃/min 至 305℃（保持 9min）。

2）质谱条件

离子源：EI，pos；电子能量：35eV；源温度：280℃；检测方式：多离子检测 SIR；加速电压：8000V；分辨率：用 PFK 调谐到 10000 以上；进样体积：1μL。

六、数据分析

计算公式如式（4.4-1）所示：

$$\rho = \frac{Q}{m} \qquad\qquad (4.4\text{-}1)$$

式中，ρ 为样品中的待测化合物质量浓度（ng/kg）；Q 为分析样品中待测化合物的总量（即 EMPC，ng）；m 为样品量（kg）。

报告检出限按《数值修约规则与极限数值的表示和判定》（GB/T 8170）标准执行，修约为 1 位有效数字，质量浓度结果位数应不多于检出限位数，修约为 2 位或 1 位有效数字。

七、质量控制与质量保证措施

1. 提取内标回收率需要在表 4.4-1 要求的范围内。

表 4.4-1　提取内标回收率

氯原子取代数	内标	范围	内标	范围
四氯	$^{13}C_{12}$-2，3，7，8-T_4CDD	25%～164%	$^{13}C_{12}$-2，3，7，8-T_4CDF	24%～169%
五氯	$^{13}C_{12}$-1，2，3，7，8-P_5CDD	25%～181%	$^{13}C_{12}$-1，2，3，7，8-P_5CDF	24%～185%
	—	—	$^{13}C_{12}$-2，3，4，7，8-P_5CDF	21%～178%
六氯	$^{13}C_{12}$-1，2，3，4，7，8-H_6CDD	32%～141%	$^{13}C_{12}$-1，2，3，4，7，8-H_6CDF	32%～141%
	$^{13}C_{12}$-1，2，3，6，7，8-H_6CDD	28%～130%	$^{13}C_{12}$-1，2，3，6，7，8-H_6CDF	28%～130%
	—	—	$^{13}C_{12}$-2，3，4，6，7，8-H_6CDF	28%～136%
	—	—	$^{13}C_{12}$-1，2，3，7，8，9-H_6CDF	29%～147%
七氯	$^{13}C_{12}$-1，2，3，4，6，7，8-H_7CDD	23%～140%	$^{13}C_{12}$-1，2，3，4，6，7，8-H_7CDF	28%～143%
	—	—	$^{13}C_{12}$-1，2，3，4，7，8，9-H_7CDF	26%～138%
八氯	$^{13}C_{12}$-O_8CDD	17%～157%	—	—

2. 每批次（少于 20 个时）样品需要同时分析至少一个操作空白。

3. 每批次试剂验收时应进行试剂验收测试，试剂不得检出待测物质。

4. 平行实验：取样品总数的 10% 左右进行平行实验，对于 17 种 2，3，7，8-氯代二噁英类，大于检出限 3 倍以上的平行实验结果取平均值，单次平行实验结果应在平均值 ±30% 以内。

八、注意事项

1. 每批次试剂在使用前应进行验收，试剂不得检出二噁英。

2. 在进行实验分析时，涉及挥发性有机物的使用时，应在通风橱中进行安装操作，并应尽量减少分析人员的暴露。

3. 实验中所产生的废液、废料需按照实验室的相关要求进行防置。

4. 做常见净化步骤的作用：

1）酸性硅胶床：去除大量的油脂和极性物质。

2）浓硫酸处理：利用其强氧化性去除溶液中的烃类与脂肪类杂质。

3）氧化铝柱：分离基体中的非平面 PCBs、非极性化合物、联苯类、氯苯、酚类、多环芳烃、DDE、灭鼠灵及农药。

4）中性硅胶：去除基体中的极性物质。

5）活性炭：去除基体中的非极性干扰物。

6）去除基体中的还原性化合物、酸性化合物、酚类、脂质、磺酰胺类、带羟基多氯联苯类、带羟基联苯醚类。

7）无水硫酸钠：去掉样品中的水分。

思考题

1. 说明半固态样品二噁英测试前期样品保存、提取分离的注意事项。

2. 如何结合样品属性进行酸性硅胶-碱性氧化铝柱有效纯化？

3. 查找文献说明如何测试废弃活性炭中的二噁英？

实验 4.3　生物样品二噁英类的预处理及分析

一、实验目的

1. 掌握高分辨质谱仪的测定原理及实验方法。
2. 掌握生物样品的采样方法及前处理流程。
3. 掌握数据分析及表达。

二、高分辨质谱仪仪器原理

详见实验 4.1"二、高分辨质谱仪仪器原理"。

三、实验依据及适用范围

1. 实验依据：EPA 1613-1994 Tetra- through Octa-Chlorinated Dioxins and Furans by Isotope Dilution HRGC/HRMS；规范生物样品中二噁英类样品的分析流程，确保前处理过程的准确性，保证检测工作顺利进行、检测结果准确可靠、操作人员和设备安全。

2. 适用范围：适用于生物样品如鸟、鱼肉、哺乳动物组织、鲸脂、蛋类、身体排泄物及奶中二噁英类样品的前处理过程。

四、设备和试剂

1. 设备：Waters 气相色谱－高分辨磁质谱联用仪（AutoSpec Premier）。
2. 试剂：甲苯（农残级）；正己烷（农残级）；二氯甲烷（农残级）。

五、样品前处理

1. 样品的预处理

1) 样品含水率的测定

① 实验材料：烘箱；电子天平；干燥器；烧杯（100mL）。

② 操作步骤

用电子天平称量干净且干燥的烧杯，记录烧杯的质量（M_0）。取 5g 左右已混匀样品放入烧杯中，称量并记录烧杯与样品的总质量（M_1）。将装有样品的烧杯放置于烘箱内，在 105℃的条件下烘 4h。之后取出样品，立即放入干燥器内。待样品冷却至室温后，称量并记录烧杯与样品的总质量（M_2）（实验记录见原始记录表）。将样品从烘箱中取出后，应立即放入干燥器内，防止烘干后的样品吸收空气中的水分。样品含水率计算公式见式（4.3-1）。

$$C = \frac{M_1 - M_2}{M_1 - M_0} \times 100\%$$

(4.3-1)

式中，C 为含水率（%）；M_0 为烧杯的质量（g）；M_1 为烧杯加样品干燥前的质量

（g）；M_2 为干燥后烧杯加样品的质量（g）。

2）样品的干燥

① 实验材料：

烧杯（250mL）；平底烧瓶（500mL）；不锈钢勺；电子天平；无水硫酸钠（优级纯）；草酸钠（优级纯）。

② 操作步骤：

对于鸟、鱼肉、哺乳动物组织、鲸脂、蛋类、身体排泄物类样品：

将所有待测样品彻底混匀，并按 1/4 法准确称取 20g 样品置于烧杯中，并记录样品质量 $W_{样品}$，有效数字为 3 位。加入 20g 无水硫酸钠，用不锈钢勺搅拌均匀，持续加入无水硫酸钠使样品干燥，最后放入干燥器中使其干燥完全。将干燥后的样品转入纤维滤筒中，准备进行索式抽提。

③ 对于液态奶样品：

将所有待测样品混匀，准确称取 150g 样品置于烧瓶中，并记录样品质量，有效数字为 3 位。

向烧杯中加入 1g 草酸钠和 150mL 甲醇或无水乙醇，彻底混匀并将样品转入 2L 的分液漏斗中准备进行液液萃取。

2. 样品的萃取

对于鱼、肉类样品要进行索式抽提以萃取样品，对于液态奶要进行液液萃取。

1）Dean-Stark/索式抽提

以甲苯为溶剂使用索式/Dean-stark 抽提器对样品进行萃取，样品含硫量较高时，可用活化过的铜片除硫。萃取结束后用净化过的无水硫酸钠除水过滤。抽提时间为 24h。

① 实验材料：六连电热套（500mL）；Dean-Stark/Soxhlet 抽提器（250mL）；循环冷却水；已净化定量纤维滤纸；万分之一电子天平；已活化的铜片；镊子、剪子、手套等；旋转蒸发仪；甲醇、丙酮、二氯甲烷、甲苯和正己烷（农残级）；已净化无水硫酸钠。

② Dean-Stark/Soxhlet 抽提操作步骤

所用的玻璃器皿使用前用二氯甲烷淋洗三次；

抽提器用热的重铬酸钾溶液淋洗然后静置 2～4h，依次用自来水和蒸馏水洗至中性烘干，使用前用二氯甲烷淋洗三次；

冷凝器依次用甲醇、丙酮、二氯甲烷、甲苯和正己烷淋洗干净；

无水硫酸钠要在 450℃马弗炉中烧 4h，过滤前用正己烷淋洗三次弃流出液；

铜片用 1：1 的盐酸浸泡搅拌 10min，然后用蒸馏水洗至中性，再用甲醇、丙酮、二氯甲烷、甲苯和正己烷各淋洗一遍，最后用正己烷浸泡备用（活化后要尽快使用），为了将样品中的硫分彻底除去，铜片加入底部接收烧瓶中。

注：此步骤可用于样品含硫量较高时，排除硫对分析结果的干扰，可依样品实际情况决定是否做这个步骤。

加入 50～100pg/μL EPA 1613 LCS 标样 20μL，以甲苯为溶剂使用索式/Dean-stark 抽提器对样品进行萃取，此时，酌情加入上一步骤活化过的铜片除硫。抽提时间是 24h。

如有需要，用预处理过的无水硫酸钠过滤以除去残余水分和铜片。将抽提所得提取液以 60℃、0.9kPa、16～22℃循环冷却水条件下旋蒸浓缩至约 1mL。

③ 液液萃取

对于液态奶样品，需进行液液萃取。将按"样品的干燥"步骤操作后获取的液态奶样品转移至分液漏斗后，加入 20μL1613LCS 标样，加入 150mL 1∶1（体积比）的正己烷与乙醚混合溶液，用自动液液萃取装置振荡 15min，静置至少 30min 使两相充分分层，用 500mL 平底烧瓶接收有机层，之后再用 75mL 1∶1（体积比）的正己烷与乙醚混合溶液萃取两次。一并将萃取液收集起来进行旋蒸浓缩至约 1mL。浓缩后进行脂肪含量测定。

3. 脂肪含量的测定

1）将旋蒸浓缩后的萃取液转移至已称重的合适的烧瓶 A 中，质量记为 A_1（对于脂肪含量低的样品可选择一支 20mL 的烧瓶用于脂肪含量的测定，而对于脂肪含量高的样品就要选择容量大一点的烧瓶，具体可根据实际情况而定）。然后用 2mL 二氯甲烷淋洗萃取瓶，并将萃取液转移至烧瓶中，然后再用二氯甲烷溶液淋洗三次，一并将淋洗液转入烧瓶 A 中，旋蒸浓缩近干。

2）将烧瓶 A 放入烘箱中，80℃烘至少 5h，然后将其取出，置于干燥器中平衡至少 0.5h，称重。

3）将样品再放入烘箱中烘至少 2h，然后将其取出置于干燥器中平衡至少 0.5h，称重。

4）重复 3）步直至恒重，即 2 次读数差不超过 0.05g，质量记为 A_2。

5）按式（4.3-2）计算样品的脂肪含量：

$$脂肪含量（\%）= \frac{A_2 - A_1}{W_{样品}} \times 100\% \tag{4.3-2}$$

6）如果接下来要进行酸性硅胶床净化，就要将烧瓶 A 中的萃取液转移至 500mL 的平底烧瓶中；如果接下来进行酸性硅胶柱净化，则不用转移。

4. 样品的净化

将上述部分的萃取液溶剂 1/2 备份，剩下的 1/2 溶剂置换成正己烷，浓缩至近干，接着进入净化流程，按实验 4.1 中"样品的净化"步骤进行操作。

思考题

1. 查找文献说明腐烂食品中二噁英的测试方法。

2. 查找文献说明二噁英的实验室废液处理方式。

第五章　环境样品铀和钍预处理及仪器分析

实验 5.1　用激光荧光法测定环境样品中微量元素铀的含量

一、实验目的

1. 学习和掌握激光荧光法测试环境样品中微量元素铀（U）的原理与方法。
2. 掌握样品的预处理方法。
3. 熟练掌握铀分析仪的使用方法。

二、实验方法原理

　　向液态样品中加入的铀荧光增强剂与样品中铀酰离子形成稳定的络合物，在紫外脉冲光源的照射下激发其产生荧光，并且铀含量在一定范围内时，荧光强度与铀含量成正比。通过测量荧光强度，可计算获得的铀含量。

　　本方法适用于环境水样（包括地表水、地下水、污染源排放废水）、空气、生物、土壤样品中微量铀的分析。激光荧光法对环境水、空气、生物、土壤样品中铀的测量范围分别为 $2.0 \times 10^{-8} \sim 2.0 \times 10^{-5}$ g/L（水样）、$2.0 \times 10^{-11} \sim 2.0 \times 10^{-8}$ g/m^3（空气取样体积为 10m^3）、$1.0 \times 10^{-8} \sim 1.0 \times 10^{-5}$ g/g 灰（生物样品灰量为 0.05g）和 $1.0 \times 10^{-7} \sim 1.0 \times 10^{-4}$ g/g（土壤样品量为 0.10g）。

三、试剂与仪器设备

1. 试剂

　　除非另有说明，分析时均使用符合国家标准的分析纯化学试剂，实验用水为新制备的去离子水或蒸馏水。所用酸在没有注明浓度时均指分析纯浓酸。硝酸酸化水均为 pH 为 2 的硝酸溶液。在需标明试剂含量时，按下述表示方法：

　　当溶液的浓度表示为物质的量浓度时，单位为摩尔每升（mol/L），量的符号为 c，例如，c（HNO_3）＝1mol/L；当溶液的浓度表示为质量浓度时，单位为克每升（g/L）、微克每毫升（μg/mL）等，量的符号为 ρ，例如，ρ（U）＝10.0μg/mL；如果溶液浓度以质量分数给出，量的符号为 ω，例如，ω（NaCl）＝10%，表示 100g 该溶液中含有 10g 氯化钠，即 10g 氯化钠溶于 90g 水中，单位无量纲；如果溶液浓度以体积分数给出，量的符号为 φ，例如，φ（HCl）＝5%，表示 100mL 该溶液中含有浓盐酸 5mL，单位无量纲。

　　对于微量铀分析方法中使用的试剂应进行铀含量测定，铀含量高于环境水平的试剂不能用于实验过程。

　　1) 氢氟酸（HF）：质量浓度≥40％。

　　2) 硝酸（HNO_3）：质量浓度65.0％～68.0％。

　　3) 硝酸溶液：c（HNO_3）＝1mol/L。

　　4) 硝酸溶液：1＋1。

　　5) 硝酸溶液：1＋2。

　　6) 硝酸酸化水：pH＝2。

　　7) 高氯酸（$HClO_4$）：质量浓度70.0％～72.0％。

　　8) 过硫酸钠（$Na_2S_2O_8$）。

　　9) 氢氧化钠（NaOH）。

　　10) 氢氧化钠溶液：ω（NaOH）＝4％。

　　11) 铀荧光增强剂。

　　12) 抗干扰型铀荧光增强剂使用液（土壤样品测定用）：称取2.5g氢氧化钠，用100mL铀荧光增强剂溶解后，再用水定容至1000mL，摇匀，置于塑料瓶中保存备用。

　　13) 八氧化三铀（基准或光谱纯，八氧化三铀含量大于99.97％）。

　　14) 铀标准贮备溶液：ρ（U）＝1.00mg/mL。

　　外购铀标准贮备溶液：购买有标准物质证书的铀标准溶液作为铀标准贮备溶液。

　　配制铀标准贮备溶液：将八氧化三铀放至马弗炉中850℃灼烧0.5h，取出置于干燥器中冷却至室温。称取0.1179g于50mL烧杯内，用2～3滴水润湿后加入5mL硝酸，于电热板上加热溶解并蒸发至近干（控制温度防止溅出），然后用硝酸酸化水溶解，定量转入100mL容量瓶内，用硝酸酸化水稀释至标线。

　　15) 铀标准中间溶液：ρ（U）＝10.0μg/mL。

　　取1.00mL 1.00mg/mL的铀标准贮备溶液［ρ（U）＝1.00mg/mL］，用硝酸酸化水稀释至100mL。

　　16) 铀标准工作溶液：ρ（U）＝0.500μg/mL。

　　取5.00mL 10.0μg/mL的铀标准中间溶液［ρ（U）＝10.0μg/mL］，用硝酸酸化水稀释至100mL。

　　17) 铀标准工作溶液：ρ（U）＝0.100μg/mL。

　　取1.00mL 10.0μg/mL的铀标准中间溶液［ρ（U）＝10.0μg/mL］，用硝酸酸化水（硝酸酸化水 pH＝2）稀释至100mL。

2. 主要仪器设备

　　1) 铀分析仪

　　量程范围：1×10^{-11}～2×10^{-8}g/mL；

　　检出下限：≤2×10^{-11}g/mL；

　　线性：r≥0.995。

　　2) 微量进样器：50μL，100μL。

　　3) 分析天平：精确度0.1mg。

　　4) 石英比色皿：（1×2×4）cm。

　　5) 聚四氟乙烯坩埚（有盖）：20～30mL。

6）铂坩埚：20mL。

7）马弗炉：控温精度±3℃。

8）空气取样器。

9）酸度计。

3. 样品采集、运输、保存与预处理

1）样品采集、运输和保存

按照《水质　采样方案设计技术规定》（HJ 495—2009）、《水样　采样技术指导》（HJ 494—2007）、《水质采样　样品的保存和管理技术规定》（HJ 493—2009）和《辐射环境监测技术规范》（HJ 61—2021）等标准中的相关规定进行水样、空气、生物样品及土壤样品的采集和保存。其中，空气样品采样滤膜为过氯乙烯树脂合成纤维滤布，取样器直径100mm，取样头距地高1.5m，流速50～100cm/s。采样体积根据空气中铀含量确定（一般不少于10m³），记录采样时气温、气压、采样体积时，需换算成标准状况下体积。采样结束，将滤布存放于样品盒内。

2）样品预处理

① 水样

将水样静置后取上清液为待测样品。如水样有悬浮物，需用孔径0.45μm的过滤器过滤除去，以滤液为待测样品。

② 空气样品

a. 揭开并弃去采样滤膜纱布，将过氯乙烯树脂合成纤维滤布放入铂坩埚中，置于马弗炉内缓慢升温至700℃，灼烧1h。

b. 取出坩埚冷却后，加入5mL硝酸（HNO_3质量浓度65.0%～68.0%），在电热砂浴上加热，冒烟后，滴加氢氟酸（HF质量浓度≥40%）0.5mL，继续加热至近干（控制温度防止溅出）。如果灰分大，可再滴加氢氟酸（HF质量浓度≥40%），直至脱硅完全。

c. 取下坩埚，再加入2mL硝酸（HNO_3质量浓度65.0%～68.0%），蒸发至近干（控制温度防止溅出）。

d. 用硝酸酸化水（pH=2）洗涤坩埚三次，合并于10mL容量瓶中，根据所用铀荧光增强剂的使用条件，以氢氧化钠和硝酸调节滤液pH至合适范围，达到所用铀荧光增强剂使用要求，并定容至容量瓶标线，摇匀后作为待测样品。

③ 生物样品

a. 将所采集的生物样品通过样品预处理、前处理（包括干燥、炭化、灰化等）手段，得到生物样品灰样。样品处理应当控制好炭化、灰化温度，避免明火，防止样品发生烧结。

生物样品灰分析称重时应均匀，并且样品灰应当有与该生物样品鲜重（或干重）确切的换算系数（灰鲜比或灰干比，即1kg鲜重或干重的生物样品经预处理、前处理后所得的灰重，以g/kg表示），仅需要给出灰样含量结果的除外。

b. 称取0.0200～0.0500g（根据样品中铀含量而定）生物样品灰于50mL的瓷坩锅中，置于马弗炉中600℃灼烧至灰化完全（无明显碳粒），取出稍冷后，加入20mL水和2.0g $Na_2S_2O_8$，于电热板上加热，搅拌，直至气泡冒尽后蒸干。若在蒸干过程中仍有气泡，可稍冷后再加入约 15mL 水，于电热板上继续加热，直至无气泡后蒸干，固体物完全熔融。取下坩埚，冷却至室温，加入 15mL 水，固体溶解后，稍微加热后转入离心管离心或过滤。用水洗涤容器与不溶物。收集滤液与洗涤液于 25mL 容量瓶中，弃去不溶物。

c. 根据所用铀荧光增强剂的使用条件，以氢氧化钠和硝酸调节滤液 pH 至合适范围，并定容至容量瓶标线，摇匀后为待测样品。

④ 土壤样品

a. 取一定量通过 140 目筛的土壤样品，于恒温干燥箱内，在 105～110℃ 温度条件下烘烤 2h，取出置于干燥器冷却至室温。

b. 称取 0.0100～0.1000g 样品于 20～30mL 聚四氟乙烯坩埚中，用少许水润湿，加入硝酸（HNO_3 质量浓度 65.0%～68.0%）5mL、高氯酸（$HClO_4$ 质量浓度 70.0%～72.0%）3mL、氢氟酸（HF 质量浓度 ≥40%）2mL，缓缓摇匀，加坩埚盖，在调温电热板上加热约 1h（注意控制温度不超过 220℃），待样品完全分解后，去坩埚盖蒸发至白烟冒尽。取下坩埚，稍冷后沿壁加入硝酸（HNO_3 质量浓度 65.0%～68.0%）1mL，再将坩埚置于调温电热板上加热（注意控制温度不超过 220℃）至样品呈湿盐状（注意防止干枯）。取下坩埚稍冷后，趁热沿壁加入 5mL 已预热（60℃～70℃）的（1+2）硝酸溶液，再于电热板上加热至溶液清亮时立即取下，用水冲洗坩埚壁，放至室温，转于 50mL 容量瓶中，用水洗涤坩埚三次，洗涤液合并于容量瓶中，并用水定容至容量瓶标线，摇匀，澄清。

c. 移取 5mL 澄清样品溶液于 50mL 容量瓶中，并根据所用铀荧光增强剂的使用条件，以氢氧化钠和硝酸调节滤液 pH 至合适范围，用水稀释定容至容量瓶标线，摇匀后为待测样品。

四、实验步骤

1. 线性范围确定

以空白样品，按样品分析步骤操作，测量前按照仪器使用要求，将仪器的光电管负高压调节到合适范围，分数次加入铀标准溶液并分别测定记录荧光强度。以荧光强度为纵坐标，铀含量为横坐标，绘制荧光强度-铀含量标准曲线，确定荧光强度-铀含量线性范围，要求在线性范围内，$r>0.995$。计算荧光强度与铀含量标准比值 B。

实际样品采用标准加入法进行测量，应当在线性范围内进行。

本步骤不要求每次测定时都重新确定线性范围，但如果仪器光电管负高压调整等指标变化或者铀荧光增强剂等试剂更换，以及荧光强度测定值在原确定的线性范围边界时，应当重新确定线性范围。

2. 样品测定

1）按照仪器操作规程开机并至仪器稳定，检查确认仪器的光电管负高压等指标与确定线性范围时的状态相同。

2）移取 5.00mL 待测样品溶液于石英比色皿中，置于微量铀分析仪测量室内，测定并记录读数 N_0。

3）向样品内加入 0.5mL 铀荧光增强剂（土壤样品测定用抗干扰型铀荧光增强剂使用液），充分混匀，注意观察，如产生沉淀，则该样品报废（注意：应将被测样品稀释或进行其他方法处理，直至无沉淀产生，方可进入测量步骤）。

4）测定记录荧光强度 N_1。

5）向样品内加入 $50\mu L$ $0.100\mu g/mL$ 铀标准工作溶液，铀含量较高时，加入 $50\mu L 0.500\mu g/mL$ 铀标准溶液，充分混匀，测定记录荧光强度 N_2。

6）检查 N_2 是否处于标准曲线线性范围内，如超出线性范围，应将样品稀释后重新测定。

7）检查 N_2-N_1 与加入的铀标准量的比值，应与标准曲线 B 值相符合。

五、数据分析

1. 水样铀含量按式（5.1-1）计算：

$$C_{水}=\frac{(N_1-N_0)\times C_1V_1K}{(N_2-N_1)\times V_0}\times 1000 \tag{5.1-1}$$

式中　$C_{水}$——水样中铀的浓度（$\mu g/L$）；

N_0——样品未加铀荧光增强剂前测得的荧光强度；

N_1——样品加铀荧光增强剂后测得的荧光强度；

N_2——样品加铀标准工作溶液后测得的荧光强度；

C_1——测定荧光强度 N_2 时加入的铀标准工作溶液的浓度（$\mu g/mL$）；

V_1——测定荧光强度 N_2 时加入的铀标准工作溶液的体积（mL）；

V_0——分析用水样的体积（mL）；

K——水样稀释倍数。

2. 空气样品中铀含量按式（5.1-2）计算：

$$C_{气}=\left(\frac{N_1-N_0}{N_2-N_1}-\frac{N_1'-N_0'}{N_2'-N_1'}\right)\times\frac{KC_1V_1V_2}{V_0VY} \tag{5.1-2}$$

式中　　　$C_{气}$——空气样品中铀的浓度（$\mu g/m^3$）；

N_0'、N_1'、N_2'——测定试剂空白样品时相应的仪器读数；

V_2——样品处理时的定容体积（mL）；

V——测定用样品体积（mL）；

V_0——测定用标准状况下采样体积（m^3）；

K——稀释倍数（样品需要稀释测量时用）；

Y——全程回收率（%）；

其他符号同式（5.1-1）。

3. 生物样品中铀含量按式（5.1-3）计算：

$$A_{生}=\left(\frac{N_1-N_0}{N_2-N_1}-\frac{N_1'-N_0'}{N_2'-N_1'}\right)\times\frac{KC_1V_1VM}{V_0WY} \tag{5.1-3}$$

式中　$A_{生}$——生物样品中铀含量（$\mu g/kg$）；

V——生物样品灰溶解后的定容体积（mL）；

V_0——测定用样品体积（mL）；

M——灰鲜（干）比（g/kg）；

W——分析用生物样品灰质量（g）；

其他符号同式（5.1-2）。

4. 土壤样品中铀含量按式（5.1-4）计算：

$$A_\pm = \left(\frac{N_1 - N_0}{N_2 - N_1} - \frac{N'_1 - N'_0}{N'_2 - N'_1} \right) \times \frac{K C_1 V_1 V_2}{VWY} \qquad (5.1\text{-}4)$$

式中　$A_\pm$——土壤样品中铀含量（μg/g）；

V_2——样品处理时的定容体积（mL）；

V——测定用样品体积（mL）；

W——样品称样量（g）；

其他符号同式（5.1-2）。

5. 全程回收率的测定

1）空气

使用空白滤膜，揭开并弃去滤膜纱布，加入铀标准溶液，按样品处理与测定步骤操作，按式（5.1-5）计算全程化学回收率 Y：

$$Y = \frac{C_1 - C_2}{C_0} \times 100\% \qquad (5.1\text{-}5)$$

式中　C_1——样品铀含量测定值（μg）；

C_2——空白样品铀含量测定值（μg）；

C_0——铀标准加入量（μg）。

2）生物与土壤样品

以试剂空白，加入铀标准溶液，按样品处理与测定步骤操作，按式（5.1-5）计算全程化学回收率 Y。

思考题

1. 查找文献说明生物样品预处理、前处理（包括干燥、炭化、灰化等）具体操作步骤。

2. 查找文献说明土壤前处理注意事项。

3. 查找文献说明水体前处理注意事项及干扰消除方法。

实验 5.2 用 ICP-MS 法测定土壤及水系沉积物中钍的含量

一、实验目的

1. 学习和掌握 ICP-MS 法测试土壤和水系沉积物中钍（Th）的原理与方法。
2. 掌握样品的预处理方法。
3. 熟练掌握 ICP-MS 的使用方法。

二、实验方法原理

样品用氢氟酸、硝酸、高氯酸分解，并赶尽高氯酸，用王水溶解后移至聚乙烯试管中，定容摇匀。分取澄清溶液，用硝酸（3+97）稀释至 1000 倍。将待测溶液以气动雾化方式引入射频等离子体，经蒸发、原子化、电离后，根据待测元素的离子质荷比不同，用四级杆电感耦合等离子体质谱仪进行分离，并经检测器检测，采用校准曲线法定量分析待测元素量。样品基体引起的仪器响应抑制或增强效应和仪器漂移可以使用内标补偿。

本实验内容引用《区域地球化学样品分析法》（DZ/T 0279—2016）规范，实验部分规定了硝酸、氢氟酸和高氯酸分解，电感耦合等离子体质谱法测定区域地球化学样品中的钍（Th）元素含量。本部分适用于区域地球化学样品土壤和水系沉积物中钍元素含量的测定。方法检出限为 $0.003\mu g/g$，测定范围为 $0.01\sim200\mu g/g$。

三、试剂与仪器设备

1. 试剂

1）盐酸：$\rho_{HCl}=1.19g/mL$。

2）硝酸：$\rho_{HNO_3}=1.42g/mL$。

3）氢氟酸：$\rho_{HF}=1.13g/mL$。危险——氢氟酸有毒且有腐蚀性，防治皮肤接触！

4）高氯酸：$\rho_{HClO_4}=1.66g/mL$。危险——高氯酸是强氧化性物种！

5）硝酸（3+97）。

6）王水：750mL 盐酸（$\rho_{HCl}=1.19g/mL$）与 250mL 硝酸（$\rho_{HNO_3}=1.42g/mL$）混合，摇匀。现用现配。

7）单元素标准储备溶液：具体配制方法参见本实验附录，也可购买市售有证的单元素标准溶液。

8）内标元素工作溶液（$\rho=10ng/mL$）：直接分取铑单元素标准储备溶液（本实验附录）和铼单元素标准储备溶液（本实验附录）稀释成含铑、铼质量浓度各 10ng/mL 的内标元素工作溶液。

9）仪器调谐溶液：分别取 Be、Co、In、Ce、U 的标准储备溶液（$\rho=1.0mg/mL$），用硝酸（5+95）逐级稀释至质量浓度为 1ng/mL 的混合溶液，用于分析前的仪器调谐和质量校准。

注：本部分除非另有说明，在分析中均使用符合国家标准的分析纯化学试剂，所用水符合《分析实验用水规格和试验方法》（GB/T 6682）规定的分析实验室用水要求。

2. 仪器

四级杆电感耦合等离子体质谱仪：仪器能在 5u～250u 质荷比范围内进行扫描，最小分辨率为 5％峰高处具 1u 峰宽；氩气（高级纯，纯度大于或等于 99.99％）；分析天平（精确度 0.1mg）。

3. 试样

试样粒径应小于 $74\mu m$；试样在 105℃条件下干燥 2h，装入磨口玻璃瓶中备用。

四、实验步骤

1. 试样

称取 0.1g 试样，精确至 0.1mg。

2. 空白试样

随同试样进行双份空白试验，所用试剂应取自同一试剂瓶。

3. 验证试验

随同试样同时分析相同类型、含量相近的国家标准物质。

4. 样品消解

将试料置于 50mL 聚四氟乙烯烧杯中，用少量水润湿，加入 10mL 硝酸、10mL 氢氟酸和 2mL 高氯酸，将聚四氟乙烯烧杯置于 250℃的电热板上蒸发至高氯酸冒烟约 3min，取下冷却。依次加入 10mL 硝酸、10mL 氢氟酸及 2mL 高氯酸，于电热板上加热 10min 后关闭电源，放置过夜后，再次加热至高氯酸烟冒尽，取下。趁热加入 8mL 王水，在电热板上加热至溶液体积剩余 2～3mL，用约 10mL 去离子水冲洗杯壁，微热5～10min 至溶液清亮，取下。冷却后将溶液转入 10mL 有刻度值带塞的聚乙烯试管中，用去离子水稀释至刻度，摇匀，静置澄清。

移取清液 1.00mL 于聚乙烯试管中，用硝酸稀释至 10mL，摇匀，待测。

5. 试样测定

1）设置仪器工作条件：按仪器操作说明书规定条件启动仪器，进行初始化调试。本方法所采用的分析仪器参考工作条件以及测量选用的同位素和内标元素见本实验附录。

2）调谱：仪器点燃后至少稳定 30min，期间用含 1ng/mL 的 Be、Co、In、Ce、U 的调谐溶液进行仪器参数最佳化调试。观测调谐元素的灵敏度、稳定性以及氧化物水平（CeO/Ce≤0.015）等分析指标，以确定仪器最佳工作条件。

3）内标校正：本方法采用内标校正方法。选 ^{186}Re、^{102}Rh 为测定的内标元素。内标元素工作溶液在测定时通过一个三通与样品溶液在线混合后引入等离子体，也可直接将内标元素工作溶液加入到空白溶液、校准曲线溶液和样品溶液中。

4）校准曲线绘制：分别测定校准空白溶液和多元素混合校准工作溶液，由计算机软件自动绘制各元素的校准曲线并存储数据。

5）测定：按测定条件进行空白试验溶液、标准物质溶液和试料溶液的测定，计算试料中各元素的质量分数。

五、数据分析

1. 分析结果计算

试样中待测元素的质量分数以 ω 表示，按式（5.2-1）计算：

$$\omega_1 = \frac{(\rho_1 - \rho_0) \times V_0 \times V \times 10^{-3}}{m \times V_1} \tag{5.2-1}$$

式中　ω_1——试样中待测元素的质量分数（$\mu g/g$）；

ρ_1——从校准曲线上查到试料溶液中经基体干扰校正后待测元素 i 的质量浓度（ng/mL）；

ρ_0——从校准曲线上查得空白试验溶液中待测元素 i 的质量浓度（ng/mL）；

V_0——制备液总体积（mL）；

V——测定试样溶液的体积（mL）；

m——试样质量（g）；

V_1——分取制备液体积（mL）。

2. 干扰校正

干扰系数（k）按式（5.2-2）计算：

$$k = \frac{\rho_{eq}}{\rho_{in}} \tag{5.2-2}$$

式中　k——干扰系数；

ρ_{eq}——干扰元素标准溶液测得的相当分析元素的等效质量浓度（$\mu g/mL$）；

ρ_{in}——干扰元素标准溶液的已知质量浓度（$\mu g/mL$）。

被分析元素的真实浓度 ρ_{tr} 按式（5.2-3）计算：

$$\rho_{tr} = \rho_{gr} - k \rho_{sin} \tag{5.2-3}$$

式中　ρ_{tr}——扣除干扰后的真实质量浓度（$\mu g/mL$）；

ρ_{gr}——被分析元素存在干扰时测得的总质量浓度（$\mu g/mL$）；

ρ_{sin}——被测试样溶液中干扰元素的实测质量浓度（$\mu g/mL$）。

六、质量保证和控制

1. 要求分析者能熟练操作四级杆电感耦合等离子体质谱仪，了解质谱干扰和基体干扰的原理，并能进行干扰校正。

2. 每批试样分析时，应同时采用空白试验、重复样分析、标准物质验证等方法进行质量保证和控制。

3. 元素标准储备溶液应进行检测，以避免杂质影响标准的准确度。制备多元素混合标准溶液时要注意元素间的相容性和稳定性。

4. 如果被分析物浓度足够高，应进行逐级稀释（稀释后的最小浓度应至少为10倍方法检出限）。

5. 分析者应监控整个样品分析过程中的内标响应以及内标与各分析元素信号响应的比值。内标的绝对响应值偏差不能超过校准空白中最初响应的 $80\% \sim 120\%$。如果超过此偏差，应查明并分析漂移原因。

七、附录

1. 钍标准储备溶液 （$\rho_{Th} = 1000\mu g/mL$）

称取已于 800℃ 条件下灼烧 1h 后的二氧化钍（光谱纯）0.1138g 于 40mL 聚四氟乙烯坩埚中，加入 10mL 盐酸和少量氟化钠，加热溶解后，加入 2mL 高氯酸，蒸发至干。加入 2mL 盐酸，在水浴上蒸干。加入 20mL 盐酸（2＋98），微热，冷却后用盐酸（2＋98）转入 100mL 容量瓶中，并稀释至刻度，摇匀。

危险——危险来自高纯二氧化钍试剂，它具有放射性，注意防护！

2. 铑标准储备溶液 （$\rho_{Rh} = 1000\mu g/mL$）

称取已于干燥器中干燥 2h 后的氯铑酸铵（光谱纯）0.3860g 于 50mL 烧杯中，加入 10mL 盐酸和少量氯化钠溶解。移入 100mL 容量瓶中，用盐酸（1＋9）稀释至刻度，摇匀。

3. 铼标准储备溶液 （$\rho_{Re} = 1000\mu g/mL$）

称取已于干燥器中干燥 2h 后的铼酸铵（优级纯）1.4406g 于 50mL 烧杯中，用水溶解。移入 1000mL 容量瓶中，用水稀释至刻度，摇匀。

4. 四级杆电感耦合等离子体质谱仪参考工作条件见表 5.2-1。

表 5.2-1　四级杆电感耦合等离子体质谱仪参考工作条件

名称	技术参数	名称	技术参数
ICP 功率	1150W	截取锥孔径	1.0mm
冷却气流量	15L/min	跳峰	3 点/质量
辅助气流量	0.8L/min	停留时间	10ms/点
雾化气流量	～1.0L/min	扫描次数	40 次
采样锥孔径	1.2min	测量时间	60s

5. 测量选用的同位素、内标元素及干扰校正见表 5.2-2。

表 5.2-2　测量选用的同位素、内标元素及干扰校正

元素	选用的质荷比	内标	干扰注释	监测同位素
Th	232	^{186}Re	—	—

思考题

1. 结合文献说明土壤和沉积物中钍的其他测试方法。

2. 查找文献说明 ICP-MS 测试高有机质沉积物中钍的预处理方法。

实验 5.3　用 ICP-MS 法测定土壤及水系沉积物中铀的含量

一、实验目的

1. 学习和掌握 ICP-MS 法测试土壤和沉积物中铀的原理与方法。

2. 掌握土壤及沉积物样品的预处理方法。

3. 熟练掌握 ICP-MS 的使用方法。

二、实验方法原理

试料用氢氟酸、硝酸、高氯酸分解，并赶尽高氯酸，用稀硝酸溶解并定容摇匀。将待测溶液以气动雾化方式引入射频等离子体，经过蒸发、原子化、电离后，根据铀元素离子质荷比，用四级杆电感耦合等离子体质谱仪进行分离，并经检测器检测，采用校准曲线法定量分析铀量。样品基体引起的仪器响应抑制或增强效应和仪器漂移可以使用内标补偿。

本实验内容引自《区域地球化学样品分析法》规范，实验部分规定了硝酸、氢氟酸和高氯酸分解，电感耦合等离子体质谱法测定区域地球化学样品中的铀（U）元素含量。本部分适用于区域地球化学样品土壤和水系沉积物中铀元素含量的测定。方法检出限：$0.009\mu g/g$；测定范围：$0.03 \sim 200\mu g/g$。

三、试剂与仪器设备

1. 试剂

1）盐酸：$\rho_{HCl} = 1.19g/mL$。

2）硝酸：$\rho_{HNO_3} = 1.42g/mL$。

3）氢氟酸：$\rho_{HF} = 1.13g/mL$。危险——氢氟酸有毒且有腐蚀性，防止皮肤接触！

4）高氯酸：$\rho_{HClO_4} = 1.67g/mL$。危险——高氯酸是强氧化性物质！

5）硝酸（1+1）。

6）硝酸（5+95）。

7）铀标准储备溶液（$\rho_U = 0.5mg/mL$）：称取八氧化三铀（高钝）0.0590g 于50mL 烧杯中，加入 20mL 硝酸（$\rho_{HNO_3} = 1.42g/mL$），低温加热至溶解。冷却后移入100mL 容量瓶中，用水稀释至刻度，摇匀。危险——高纯八氧化三铀试剂具有放射性，注意防护！

8）铀标准工作溶液：

$\rho_U = 25.0ug/mL$；吸取 5.00mL 铀标准储备溶液（$\rho_U = 0.5mg/mL$）于 100mL 容量瓶中，加入 6mL 硝酸（1+1），用水稀释至刻度，摇匀，转入聚四氟乙烯试剂瓶中。

$\rho_U = 250ng/mL$；吸取 10.0mL 铀标准工作溶液（$\rho_U = 25.0\mu g/mL$）于 100mL 容量瓶中，加入 6mL 硝酸（1+1），用水稀释至刻度，摇匀，转入聚四氟乙烯试剂瓶中。

9）铼标准储备溶液（$\rho_{Re} = 1000\mu g/mL$）：称取已于干燥器中干燥 2h 后的铼酸铵

（高纯）1.4406g 于 100mL 烧杯中，用水溶解。移入 1000mL 容量瓶中，用水稀释至刻度，摇匀。

10）铼内标元素工作溶液（$\rho_{Re}=2ng/mL$）：分取铼标准储备溶液（$\rho_{Re}=1000\mu g/mL$）逐级稀释至质量浓度为 2ng/mL。

11）仪器调谐溶液：分别取 Be、Co、In、Ce、U 的标准储备溶液（$\rho=1.0mg/mL$）用硝酸（5+95）逐级稀释至质量浓度为 1ng/mL 的混合溶液，用于分析前的仪器调谐和质量校准。

注：本部分除非另有说明，在分析中均使用符合国家标准的分析纯化学试剂，所用水符合 GB/T 6682 分析实验室用水要求。

2. 仪器及材料

1）四极杆电感耦合等离子体质谱仪，仪器能在 5～250u 质荷比范围内进行扫描，最小分辨率为 5％峰高处具 1u 峰宽。

2）氩气：高纯级，纯度大于或等于 99.99％。

3）分析天平：感量 0.1mg。

3. 试样

1）试样粒径应小于 $74\mu m$。

2）试样在 105℃条件下干燥 2h，冷却后装入磨口玻璃瓶中备用。

四、实验步骤与测试

1. 试样

称取 0.1g 试样，精确至 0.1mg。

2. 空白试验

随同试样进行双份空白试验，所用试剂应取自同一试剂瓶。

3. 验证试验

随同试样同时分析相同类型、含量相近的国家标准物质。

4. 试样消解

将试样置于 50mL 聚四氟乙烯烧杯中，用少量水润湿，加入 10ml 硝酸（$\rho_{HNO_3}=1.42g/mL$）、5mL 氢氟酸和 2mL 高氯酸，盖上坩埚盖，于 150℃控温电热板上加热 1h 后，揭去坩埚盖，升温至 240℃，直至高氯酸白烟冒尽，取下，趁热加入 6mL 硝酸（5％）冲洗杯壁，在电热板上微热 5～10min 至溶液清亮，取下冷却。将溶液转入 50mL 有刻度值带塞的聚乙烯试管中，用去离子水稀释至刻度，摇匀，待测。

5. 试料测定

1）设置仪器工作条件：按仪器操作说明书规定条件启动仪器，进行初始化调试。本方法所采用的分析仪器参考工作条件见实验 5.2 附录中的表 5.2-1，选择 ^{238}U 作为分析同位素。

2）调谐：仪器点燃后至少稳定 30min，期间用含 1ng/mL 的 Be、Co、In、Ce、U

的调谐溶液进行仪器参数最佳化调试。观测调谐元素的灵敏度、稳定性以及氧化物水平（CeO/Ce 值≤0.015）等分析指标，以确定仪器最佳工作条件。

3）内标校正：本方法采用内标校正方法。选^{185}Re 为测定的内标元素。内标元素工作溶液（ρ_{Re}＝2ng/mL）在测定时通过一个三通与样品溶液在线混合后引入等离子体，也可直接将内标元素工作溶液（ρ_{Re}＝2ng/mL）加入到空白溶液、校准曲线溶液和样品溶液中。

4）校准曲线绘制：分别吸取铀标准工作溶液（ρ_U＝250ng/mL）0.00ml、0.10ml、1.00mL、5.00mL、10.0mL 至 25mL 容量瓶中，加入 1.5mL 硝酸（1+1），用水稀释至刻度，摇匀。此校准曲线溶液中铀量分别为 0.0ng/mL、1.0ng/mL、10ng/mL、50ng/ml、100ng/mL。按上述步骤进行测定，测定完成后，由计算机软件自动绘制铀的校准曲线并存储数据。

5）测定：按测定条件进行空白试验溶液、标准物质溶液和试料溶液的测定，计算试料中铀的质量分数。

五、数据分析

试样中铀的质量分数以 W_U 表示，按式（5.3-1）计算：

$$W_U = \frac{(\rho - \rho_0) \times V \times 10^{-3}}{m} \tag{5.3-1}$$

式中　W_U——试样中铀的质量分数（$\mu g/g$）；

ρ——从校准曲线上查得试料溶液中铀的质量浓度（ng/mL）；

ρ_0——从校准曲线上查得空白试验溶液中铀的质量浓度（ng/mL）；

V——测定试料溶液的体积（mL）；

m——试料质量（g）。

六、质量保证和控制

1. 要求分析者能熟练操作四极杆电感耦合等离子体质谱仪，了解质谱干扰和基体干扰的原理，并能进行干扰校正。

2. 每批试样分析时，应同时采用空白试验、重复样分析、标准物质验证等方法进行质量保证和控制。

3. 元素标准储备溶液应进行检查，以避免杂质影响标准的准确度。

4. 如果被分析物浓度足够高，应进行逐级稀释（稀释后的最小浓度应至少为 10 倍方法检出限）。

5. 分析者应监控整个样品分析过程中的内标响应以及内标与各分析元素信号响应的比值。内标的绝对响应值偏差不能超过校准空白中最初响应的 80%～120%。如果超过此偏差，应分析并查明漂移原因。

思考题

1. 结合文献说明土壤铀的测试干扰及其消除方法。

2. 查找文献说明高有机质底泥中 U 的预处理方法。

第六章 附   录

附录6.1 原子吸收光谱分析元素的分析线

表6.1-1 原子吸收光谱分析元素的分析线

元素	波长（nm）	带宽（nm）	最佳测量范围 （μg·mL^{-1}）	相对强度
Ag	328.1	0.4	0.02～10	100
	338.3	0.4	0.06～20	90
Al	309.3	0.4	0.3～250	80
	396.2	0.4	0.5～250	100
	237.3	0.4	2～800	3
	257.4	0.4	5～1600	5
	256.8	0.4	8～2600	3
As	193.7	0.4	3～150	50
	197.2	1.0	6～300	100
Au	242.8	0.4	0.1～30	60
	267.6	0.4	0.2～60	100
B	249.7	0.2	5～2000	100
	208.9	0.2	15～4000	40
Ba	553.6	0.4	0.2～50	100
	350.1	0.4	120～24000	20
Be	234.9	0.4	0.01～4	100
Bi	223.1	0.2	0.5～50	15
	227.7	0.4	20～1200	30
	306.8	0.4	2～160	100
Ca	422.7	0.4	0.01～3	100
	239.9	0.2	2～800	10
Cd	228.8	0.4	0.02～3	40
	326.1	0.4	20～1000	100
Ce	520.0	0.2	—	100
	569.7	0.2	—	100

续表

元素	波长（nm）	带宽（nm）	最佳测量范围 （$\mu g \cdot mL^{-1}$）	相对强度
Co	240.7	0.2	0.05～15	20
	304.4	0.4	1～200	40
	346.6	0.2	2～500	100
Cr	357.9	0.2	0.06～15	40
	429.0	0.4	1～100	100
	520.8	0.2	20～2600	20
	520.5	0.2	50～6000	15
Cs	852.1	1.0	0.04～5	50
	455.5	0.4	4～1200	100
Cu	324.7	0.4	0.03～10	100
	327.4	0.2	0.1～24	50
	217.9	0.2	0.2～60	3
	218.2	0.2	0.3～80	2
	222.6	0.2	1～280	6
	244.2	1.0	10～2000	15
Dy	421.4	0.2	0.3～150	100
	419.5	0.2	1～260	60
Er	400.8	0.4	0.5～150	100
	389.3	0.4	2～560	80
	408.8	0.2	5～1000	10
	402.1	0.2	18～4000	10
Eu	459.4	1.0	10～60	100
	333.4	0.4	4500～20000	10
Fe	248.3	0.2	0.06～15	15
	372.1	0.2	1～100	100
	386.0	0.2	2～200	50
Ga	294.4	0.4	1～200	100
	287.4	0.4	2～240	60
	272.0	0.4	30～5200	10
Gd	368.4	0.2	20～6000	60
	405.8	0.2	35～8000	100
Ge	265.2	1.0	2～300	100
	269.1	0.4	10～1400	15
	303.9	0.4	40～4200	50
Hf	307.3	0.2	20～3000	15
	368.2	0.4	140～11000	100

元素	波长（nm）	带宽（nm）	最佳测量范围 （$\mu g \cdot mL^{-1}$）	相对强度
Hg	253.7	0.4	2～400	100
Ho	410.4	0.2	0.4～200	100
	425.4	0.4	30～12000	80
In	303.9	0.4	0.4～40	100
	271.0	0.2	12～1600	5
Ir	208.9	0.2	5～200	5
	264.0	0.2	12～480	100
	266.5	0.2	15～560	80
	254.4	0.2	20～720	50
K	766.5	1.0	0.03～2	100
	769.9	1.0	1～6	80
	404.4	0.4	15～80	5
La	550.1	0.2	20～10000	50
	403.7	0.4	50～24000	90
	357.4	0.4	120～52000	100
Li	670.8	1.0	0.02～5	100
	323.3	0.2	10～2000	0.2
	610.4	0.4	200～32000	5
Lu	336.0	1.0	3～2000	100
	356.8	0.4	5～2400	70
	337.7	0.4	8～3600	40
Mg	285.2	0.4	0.003～1	100
	202.5	1.0	0.15～20	3
Mn	279.5	0.2	0.02～5	90
	403.1	0.2	0.5～60	100
	321.7	0.2	100～14000	3
Mo	313.3	0.4	0.2～100	100
	320.9	0.2	5～1000	10
Na	589.0	0.4	0.002～1	100
	589.6	1.0	0.01～2	60
	3303	0.4	2～400	2
Nb	334.9	0.2	20～6000	100
	358.0	0.4	20～6000	50
	408.0	0.4	22～7000	70
	505.9	0.4	22～7000	100

续表

元素	波长（nm）	带宽（nm）	最佳测量范围（$\mu g \cdot mL^{-1}$）	相对强度
Nd	492.5	0.2	10～1500	100
	486.7	0.2	80～10000	20
Ni	232.0	0.2	0.1～20	5
	352.5	0.4	1～100	100
	351.5	0.4	3～180	30
	362.5	0.4	100～8000	10
Os	290.9	0.2	1～300	20
	426.1	1.0	20～3200	100
P	213.6	1.0	400～30000	100
Pb	217.0	1.0	0.1～30	20
	283.3	0.4	0.5～50	100
	261.4	0.4	5～800	30
Pd	244.8	0.2	0.1～15	1
	247.6	0.2	0.2～28	1
	340.5	1.0	1～140	100
Pr	495.1	0.4	100～5000	100
	513.3	0.4	300～8000	80
Pt	266.0	0.2	1～300	30
	299.8	0.4	10～1200	100
Rb	780.0	0.2	0.1～10	100
	794.8	0.2	0.5～20	60
	420.2	0.2	10～800	20
	421.6	0.2	30～2200	10
Re	346.0	0.2	10～2000	100
	346.5	0.2	30～4000	70
	345.2	0.2	35～5200	40
Rh	343.5	0.4	0.05～30	100
	328.1	0.2	5～1600	30
Ru	349.9	0.2	1～150	100
	392.6	0.2	15～1600	60
Sb	217.6	0.2	0.4～100	20
	231.2	0.4	1.5～150	100
	212.7	1.0	5～1000	30
Sc	391.2	0.2	0.5～80	100
	327.4	0.2	2～200	20
	326.9	0.2	3～3200	10

元素	波长（nm）	带宽（nm）	最佳测量范围（$\mu g \cdot mL^{-1}$）	相对强度
Se	196.0	1.0	5～250	100
	204.0	0.4	90～1200	60
Si	251.6	0.2	3～400	100
	250.7	0.4	10～800	60
	252.4	0.4	15～1000	50
	288.2	0.2	60～4000	80
Sm	429.7	0.2	10～1500	20
	476.0	0.4	20～2400	100
Sn	235.5	0.4	1～200	60
	286.3	0.4	10～300	100
	300.9	0.4	5～400	50
	266.1	0.4	40～3200	10
Sr	460.7	0.4	0.02～10	100
Ta	271.5	0.2	20～3000	50
	275.8	0.4	100～10000	100
Tb	432.7	0.2	7～2000	100
	431.9	0.2	15～4000	80
	433.9	0.2	20～5200	70
Te	214.3	0.4	0.3～60	10
	225.9	0.4	10～800	100
	238.6	0.2	100～8000	60
Th	371.9	0.2	—	100
	380.3	0.2	—	60
	330.4	0.4	—	30
Ti	364.3	0.4	1～300	100
	365.4	0.2	3～400	100
	399.0	0.4	66～800	90
Tl	276.8	0.4	0.2～50	100
	258.0	1.0	20～4000	20
Tm	371.8	0.4	0.2～100	50
	420.4	1.0	1～160	100
	436.0	0.2	2～500	10
	530.7	1.0	5～1000	50
U	358.5	0.2	400～30000	60
	356.7	0.2	800～32000	40
	351.5	0.2	1000～40000	100
	348.9	0.2	1500～60000	80

续表

元素	波长（nm）	带宽（nm）	最佳测量范围 （$\mu g \cdot mL^{-1}$）	相对强度
V	318.5	0.2	1～200	40
	318.4	0.2	2～240	40
	306.6	0.4	4～600	50
	439.0	0.4	10～1400	100
W	255.1	0.2	10～1500	5
	400.9	0.4	40～4000	100
	407.4	0.4	80～8000	80
Y	410.2	0.4	2～500	100
	414.3	0.4	3～1200	50
Yb	398.8	0.4	0.04～15	100
	246.5	0.2	2～400	—
	267.3	0.2	20～4000	—
Zn	213.9	1.0	0.01～2	100
	307.6	1.0	100～14000	60
Zr	360.1	0.2	10～2000	60
	468.8	0.2	100～16000	100

附录6.2 红外光谱的特征吸收峰

物质的红外光谱是其分子结构的反映，谱图中的吸收峰与分子中各基团的振动形式相对应。多原子分子的红外光谱与其结构的关系一般通过实验手段得到，可通过比较大量已知化合物的红外光谱，从中总结出各种基团的吸收规律。实验表明，组成分子的各种基团，如 O—H、N—H、C—H、C=C、C=O 和 C≡C 等，都有特定的红外吸收区域，分子的其他部分对其吸收位置影响较小。通常把这种能代表及存在、并有较高强度的吸收谱带称为基团频率，其所在的位置一般又称为特征吸收峰。

一、基团频率区

红外光谱区可分为 $4000～1300cm^{-1}$ 和 $1800（1300）～600cm^{-1}$ 两个区域。最有分析价值的基团频率为 $4000～1300cm^{-1}$，这一区域称为基团频率区、官能团区或特征区。区内的峰是由伸缩振动产生的吸收带，比较稀疏，容易辨认，常用于鉴定官能团。在 $1800（1300）～600cm^{-1}$ 区域内，除单键的伸缩振动外，还有因变形振动产生的谱带。这种振动与整个分子的结构有关。当分子结构稍有不同时，该区的吸收就有细微的差异，并显示出分子特征。这种情况就像人的指纹一样，因此称为指纹区。指纹区对于指认结构似的化合物很有帮助，而且可以作为化合物存在某种基团的旁证。基团频率区可分为以下三个区域。

1. 4000～2500cm⁻¹

X—H 伸缩振动区，X 可以是 O、H、C 或 S 等原子。O—H 基的伸缩振动出现在 3650～3200cm⁻¹，它可以作为判断有无醇类、酚类和有机酸类的重要依据。当醇和酚溶于非极性溶剂（如 CCl_4），浓度为 0.01mol·L 时，在 3650～3580cm⁻¹ 出现游离 O—H 基的伸缩振动吸收，峰形尖锐，且没有其他吸收峰干扰，易于识别。当试样浓度增加时，羟基化合物产生缔合现象，O—H 基的伸缩振动吸收峰向低波数方向位移，在 3400～3200cm⁻¹ 出现一个宽而强的吸收峰。胺和酰胺的 N—H 伸缩振动也出现在 3500～3100cm⁻¹，因此可能对 O—H 伸缩振动有干扰。C—H 的伸缩振动可分为饱和的和不饱和的两种。饱和的 C—H 伸缩振动出现在 3000cm⁻¹ 以下，为 3000～2800cm⁻¹，取代基对它们的影响很小。例如，—CH₃ 的伸缩吸收出现在 2960cm⁻¹ 和 2876cm⁻¹ 附近；—CH₂ 的吸收出现在 2930cm⁻¹ 和 2850cm⁻¹ 附近；≡CH（不是炔烃）的吸收出现在 2890cm⁻¹ 附近，但强度很弱。不饱和的 C—H 伸缩振动出现在 3000cm⁻¹ 以上，以此来判别化合物中是否含有不饱和的 C—H 键。苯环的 C—H 伸缩振动出现在 3030cm⁻¹ 附近，它的特征是强度比饱和的 C—H 键稍弱，但谱带比较尖锐。不饱和的双键=C—H 的吸收出现在 3040～3010cm⁻¹，末端—CH₂ 的吸收出现在 3085cm⁻¹ 附近。叁键≡CH 上的 C—H 伸缩振动出现在更高的区域（3300cm⁻¹）附近。

2. 2500～1900cm⁻¹

叁键和累积双键区，主要包括—C≡C、—C≡N 等叁键的伸缩振动，以及—C=C=C、—C=C=O 等累积双键的不对称伸缩振动。对于炔烃类化合物，可以分为 R—C≡CH 和 R—C≡C—R 两种类型，R—C≡CH 的伸缩振动出现在 2140～2100cm⁻¹，R—C≡C—R 出现在 2260～2190cm⁻¹。如果是 R—C≡C—R，因为分子是对称的，则为非红外活性。—C≡N 的缩振动在非共轭的情况下出现在 2260～2240cm⁻¹。当与不饱和键或芳香环共轭时，该峰位移到 2230～2220cm⁻¹。若分子中含有 C、H、N 原子，—C≡N 的吸收比较强而尖锐。若分子中含有 O 原子，且 O 原子离—C≡N 越近，—C≡N 的吸收越弱，甚至观察不到。

3. 1900～1200cm⁻¹

双键伸缩振动区，该区域主要包括三种伸缩振动：

① C=O 伸缩振动出现在 1900～1650cm⁻¹，是红外光谱中较为明显的特征，且往往是最强的吸收，据此很容易判断酮类、醛类、酸类、酯类以及酸酐等有机化合物，酸酐的羰基吸收带由于振动偶合而呈现双峰；

② C=C 伸缩振动，烯烃的 C=C 伸缩振动出现在 1680～1620cm⁻¹，一般很弱，单核芳烃的 C=C 伸缩振动出现在 1600cm⁻¹ 和 1500cm⁻¹ 附近，有两个峰，这是芳环的骨架结构，用于确认有无芳核的存在；

③ 苯的衍生物的泛频谱带，出现在 2000～1650cm⁻¹，是 C—H 面外和 C=C 面内变形振动的泛频吸收，虽然强度很弱，但它们的吸收峰在表征芳核取代类型上是有用的。

二、指纹区

1. 1800（1300）～900cm⁻¹

C—O、C—N、C—F、C—P、C—S、P—O、Si—O 等单键的伸缩振动和 C＝S、S＝O、P＝O 等双键的伸缩振动吸收。其中，1375cm⁻¹ 的谱带为甲基的 C—H 对称弯曲振动，对识别甲基十分有用，C—O 的伸缩振动为 1300～1000cm⁻¹，是该区域最强的峰，也较易识别。

2. 900～650cm⁻¹

此区域的某些吸收峰可用来确认化合物的顺反构型。例如，烯烃的＝C—H 面外变形振动出现的位置很大程度上取决于双键的取代情况。对于 RCH＝CH₂ 结构，在 990cm⁻¹ 和 910cm⁻¹ 出现两个强峰；对于 RCH＝CHR' 结构，其顺构型、反构型分别在 690cm⁻¹、970cm⁻¹ 出现吸收峰，可以共同配合确定苯环的取代类型。

三、各类有机化合物的红外吸收光谱

下文中 σ 为伸缩振动，δ 为面内弯曲振动，γ 为面外弯曲振动。

1. 烷烃

饱和烷烃的红外光谱主要由 C—H 键的骨架振动所引起，其中以 C—H 键的伸缩振动最为有用。在确定分子结构时，也常借助于 C—H 键的变形振动和 C—C 键骨架振动吸收。烷烃有下列四种特征吸收。

1）σ_{C-H}：在 2975～2845cm⁻¹，包括甲基、亚甲基和次甲基的对称与不对称伸缩振动。

2）δ_{C-H}：在 1460cm⁻¹ 和 1380cm⁻¹ 处有特征吸收，前者归因于甲基及亚甲基 C—H 的 σ_{as}，后者归因于甲基 C—H 的 σ_s。138cm⁻¹ 峰对结构敏感，对于识别甲基很有用。共存基团的电负性对 1380cm⁻¹ 峰位置有影响，相邻基团电负性越强，越移向高波数区。例如，在 CH₃F 中此峰移至 1475cm⁻¹。异丙基 1380cm⁻¹ 裂分为两个强度几乎相等的峰 138cm⁻¹、1375cm⁻¹，叔丁基 1380cm⁻¹ 裂分为 1395cm⁻¹、1370cm⁻¹ 两个峰，后者强度差不多是前者的两倍，在 1250cm⁻¹、1200cm⁻¹ 附近出现两个中等强度的骨架振动。

3）σ_{C-C}：在 1250～800cm⁻¹，因特征性不强，用处不大。

4）γ_{C-H}：分子中具有—(CH₂)ₙ—链节，$n \geqslant 4$ 时，在 722cm⁻¹ 有一个弱吸收峰，随着 CH₂ 个数的减少，吸收峰向高波数方向位移，由此可推断分子链的长短。

2. 烯烃

烯烃中的特征峰由 C＝C—H 键的伸缩振动以及 C＝C—H 键的变形振动所引起。烯烃分子主要有三种特征吸收。

1）$\sigma_{C=C-H}$：烯烃双键上的 C—H 键伸缩振动在 3000cm⁻¹ 以上，末端双键氢在 3090～3075cm⁻¹ 有强峰，最易识别。

2）$\sigma_{C=C}$：吸收峰的位置在 1670～1620cm⁻¹。随着取代基的不同，$\sigma_{C=C}$ 吸收峰的位置有所不同，强度也发生变化。

3）$\delta_{C=C-H}$：烯烃双键上的 C—H 键面内弯曲振动在 1500～1000cm⁻¹，对结构不敏

感，用途较少；而面外摇摆振动吸收最有用，在 $1000 \sim 700 cm^{-1}$ 该振动对结构敏感，其吸收峰特征性明显，强度也较大，易于识别，可借此判断双键取代情况和构型。

RHC＝CH$_2$：$995 \sim 985 cm^{-1}$（＝CH，s）；$915 \sim 905 cm^{-1}$（＝CH$_2$，s）；

R^{1}R^{2}C＝CH$_2$：$895 \sim 885 cm^{-1}$（s）；

（顺）—R^{1}CH＝CHR^2：$\sim 690 cm^{-1}$；

（反）—R^{1}CH＝CHR^2：$980 \sim 965 cm^{-1}$（s）；

R^{1}R^{2}C＝CHR^3：$840 \sim 790 cm^{-1}$（m）。

3. 炔烃

在红外光谱中，炔烃基团很容易识别，它主要有三种特征吸收。

1）$\sigma_{C \equiv C-H}$：该振动吸收非常特征，吸收峰位置在 $3300 \sim 3310 cm^{-1}$，中等强度。σ_{N-H} 值与 σ_{C-H} 值相同，但前者为宽峰，后者为尖峰，易于识别。

2）$\sigma_{C \equiv C}$：一般 C≡C 键的伸缩振动吸收都较弱。一元取代炔烃 RC≡CH 的 $\sigma_{C \equiv C}$ 出现在 $2140 \sim 2100 cm^{-1}$，二元取代炔烃在 $2260 \sim 2190 cm^{-1}$，当两个取代基的性质相差太大时，炔化物极性增强，吸收峰的强度增大。当处于分子的对称中心时，$\sigma_{C \equiv C}$ 为非红外活性。

3）$\delta_{C \equiv C-H}$：炔烃变形振动发生在 $680 \sim 610 cm^{-1}$。

4. 芳烃

芳烃的红外吸收主要由苯环上的 C—H 键及芳环骨架中的 C＝C 键振动所引起。芳香族化合物主要有三种特征吸收。

1）σ_{Ar-H}：芳环上 C—H 吸收在 $3100 \sim 3000 cm^{-1}$，有较弱的三个峰，特征性不强，与烯烃的 $\sigma_{C=C-H}$ 频率相近，但烯烃的吸收峰只有一个。

2）$\sigma_{C=C}$：芳环的骨架伸缩振动正常情况下有四条谱带，约为 $1600 cm^{-1}$、$1585 cm^{-1}$、$1500 cm^{-1}$、$1450 cm^{-1}$，这是鉴定有无苯环的重要标志之一。

3）δ_{Ar-H}：芳烃的 C—H 变形振动吸收出现在两处。$1275 \sim 960 cm^{-1}$ 为 δ_{Ar-H}，由于吸收较弱，易受干扰，用处较小。另一处是 $900 \sim 650 cm^{-1}$ 的 δ_{Ar-H}，吸收较强，是识别苯环上取代基位置和数目的极重要的特征峰。取代基越多，δ_{Ar-H} 频率越高。若在 $1600 \sim 2000 cm^{-1}$ 有锯齿状倍频吸收（C—H 面外和 C＝C 面内弯曲振动的倍频或组频吸收），是进一步确定取代苯的重要旁证。

苯：$670 cm^{-1}$（s）；

单取代苯：$770 \sim 730 cm^{-1}$（vs），$710 \sim 690 cm^{-1}$（s）；

1，2-二取代苯：$770 \sim 735 cm^{-1}$（vs）；

1，3-二取代苯：$810 \sim 750 cm^{-1}$（vs），$725 \sim 680 cm^{-1}$（m～s）；

1，4-二取代苯：$860 \sim 800 cm^{-1}$（vs）。

5. 卤化物

随着卤素原子的增加，σ_{C-X} 降低，如 C—F（$1100 \sim 1000 cm^{-1}$）、C—Cl（$750 \sim 700 cm^{-1}$）、C—Br（$600 \sim 500 cm^{-1}$）、C—I（$500 \sim 200 cm^{-1}$）。此外，C—X 吸收峰容易受邻近基团的影响，吸收峰位置变化较大，尤其是含氟、含氯的化合物变化更大，而且用溶液法或液膜法测定时，常出现不同构象引起的几个伸缩吸收带。因此，红外光谱对含卤素有机化合物的鉴定受到一定限制。

6. 醇和酚

醇和酚类化合物有相同的羟基，其特征吸收是 O—H 和 C—O 键的振动。

1）σ_{O-H}：一般在 $3670 \sim 32000 \text{cm}^{-1}$ 区域。游离羟基吸收出现在 $3640 \sim 36100 \text{cm}^{-1}$，峰形尖锐，无干扰，极易识别（溶剂中微量游离水吸收位于 3710cm^{-1}）。O—H 是强极性基团，因此羟基化合物的缔合现象非常明显，羟基形成氢键的缔合峰一般出现在 $3550 \sim 32000 \text{cm}^{-1}$。

2）σ_{C-O} 和 δ_{O-H}：C—O 伸缩振动和 O—H 面内弯曲振动在 $1410 \sim 11000 \text{cm}^{-1}$ 有强吸收，当无其他基团干扰时，可利用 σ_{C-O} 了解羟基的碳链取代情况（伯醇在 10500cm^{-1}，仲醇在 11250cm^{-1}，叔醇在 12000cm^{-1}，酚在 12500cm^{-1}）。

7. 醚和其他化合物

醚的特征吸收带是 C—O—C 不对称伸缩振动，出现在 $1150 \sim 10600 \text{cm}^{-1}$，强度大，C—C 骨架振动吸收也出现在此区域，但强度弱，易于识别。醇、酸、酯、内酯的 σ_{C-O} 吸收在此区域，故很难归属。

8. 醛和酮

醛和酮的共同特点是分子结构中都含有 C＝O，$\sigma_{C=O}$ 在 $1750 \sim 16800 \text{cm}^{-1}$，吸收强度很大，这是鉴别羰基最明显的依据。邻近基团的性质不同，吸收峰的位置也有所不同。C＝O 键有双键性强的 A 结构和单键性强的 B 结构两种结构。共轭效应将使 $\sigma_{C=O}$ 吸收峰向低波数方向移动，吸电子的诱导效应使 $\sigma_{C=O}$ 的吸收峰向高波数方向移动。α, β-不饱和羰基化合物，由于不饱和键与 C＝O 共轭，因此 C＝O 键的吸收峰向低波数方向移动。

9. 羧酸

1）σ_{O-H}：游离的 O—H 在 35500cm^{-1} 附近，缔合的 O—H 在 $3300 \sim 25000 \text{cm}^{-1}$，峰形宽而散，强度很大。

2）$\sigma_{C=O}$：游离的 C＝O 一般在 17600cm^{-1} 附近，吸收强度比酮羰基的吸收强度大，但由于羧酸分子中的双分子缔合，因此 C＝O 的吸收峰向低波数方向移动，一般在 $1725 \sim 1700 \text{cm}^{-1}$，如果发生共轭，则 C＝O 的吸收峰移到 $1690 \sim 16800 \text{cm}^{-1}$。

3）σ_{C-O}：一般在 $1440 \sim 13950 \text{cm}^{-1}$，吸收强度较弱。

4）δ_{O-H}：一般在 12500cm^{-1} 附近，是一强吸收峰，有时会和 σ_{C-O} 重合。

10. 酯和内酯

1）$\sigma_{C=O}$：$1750 \sim 1735 \text{cm}^{-1}$ 出现（饱和酯 $\sigma_{C=O}$ 位于 17400cm^{-1} 处），受相邻基团的影响，吸收峰的位置会发生变化。

2）σ_{C-O}：一般有两个吸收峰，$1300 \sim 1150 \text{cm}^{-1}$，$1140 \sim 1030 \text{cm}^{-1}$。

11. 酰卤

$\sigma_{C=O}$：由于卤素的吸电子作用，C＝O 的双键性增强，从而出现在较高波数处，一般在 1800cm^{-1} 附近，如果有乙烯基或苯环与 C＝O 共轭，会使 $\sigma_{C=O}$ 变小，一般在 $1780 \sim 1740 \text{cm}^{-1}$。

12. 酸酐

1）$\sigma_{C=O}$：由于羰基的振动偶合，导致σ_{C-O}有两个吸收，分别在 $1860\sim1800\text{cm}^{-1}$ 和 $1800\sim1750\text{cm}^{-1}$ 区域，两个峰相距 60cm^{-1}。

2）σ_{C-O}：为一强吸收峰，开链酸酐的σ_{C-O}在 $1175\sim1045\text{cm}^{-1}$，环状酸酐在 $1310\sim1210\text{cm}^{-1}$。

13. 酰胺

1）$\sigma_{C=O}$：酰胺的第Ⅰ、Ⅱ、Ⅲ谱带，由于氨基的影响，因此$\sigma_{C=O}$向低波数方向位移，伯酰胺 $1690\sim1650\text{cm}^{-1}$，仲酰胺 $1680\sim1655\text{cm}^{-1}$，叔酰胺 $1670\sim1630\text{cm}^{-1}$。

2）σ_{N-H}：一般位于 $3500\sim3100\text{cm}^{-1}$，游离伯酰胺位于约 3520cm^{-1} 和 3400cm^{-1} 处，形成氢键而缔合的位于约 3350cm^{-1} 和 3180cm^{-1} 处，均呈双峰；游离仲酰胺位于约 3440cm^{-1}，形成氢键而缔合的位于约 3100cm^{-1}，均呈单峰；叔酰胺无此吸收峰。

3）δ_{N-H}：酰胺的第Ⅱ谱带，伯酰胺的δ_{N-H}位于 $1640\sim1600\text{cm}^{-1}$；仲酰胺位于 $1530\sim1500\text{cm}^{-1}$，强度大，非常特征；叔酰胺无此吸收峰。

4）σ_{C-N}酰胺的第Ⅲ谱带，伯酰胺位于 $1420\sim1400\text{cm}^{-1}$，仲酰胺位于 $1300\sim1260\text{cm}^{-1}$，叔酰胺无此吸收峰。

14. 胺

1）σ_{N-H}：游离的胺位于 $3500\sim3300\text{cm}^{-1}$，缔合的位于 $3500\sim3100\text{cm}^{-1}$。含有氨基的化合物无论是游离的氨基或缔合的氨基，其峰强都比缔合的 OH 峰弱，且谱带稍尖锐一些。由于氨基形成的氢键没有羟基的氢键强，因此当氨基缔合时，吸收峰位置的变化没有 OH 那样显著，向低波数方向位移一般不大于 100cm^{-1}。伯胺 $3500\sim3300\text{cm}^{-1}$ 有两个中等强度的吸收峰（对称与不对称的伸缩振动吸收），仲胺在此区域只有一个吸收峰，叔胺在此区域内无吸收。

2）σ_{C-N}：脂肪胺位于 $1230\sim1030\text{cm}^{-1}$，芳香胺位于 $1380\sim1250\text{cm}^{-1}$。

3）δ_{N-H}：位于 $1650\sim1500\text{cm}^{-1}$，伯胺的$\delta_{N-H}$吸收强度中等，仲胺的吸收强较弱。

4）γ_{N-H}：位于 $900\sim650\text{cm}^{-1}$，峰形较宽，强度中等（只有伯胺有此吸收峰）。

附录6.3　红外光谱的8个重要区段

表 6.3-1　红外光谱的 8 个重要区段

波长（cm）	波数（cm^{-1}）	键的振动类型
$2.7\sim3.3$	$3750\sim3000$	v_{O-H} v_{N-H}
$3.0\sim3.3$	$3300\sim3000$	v_{C-H}（$-C\equiv C-C$，$-C=CH-$，$Ar-H$）
$3.3\sim3.7$	$3000\sim2700$	v_{C-H}（$-CH_3$，$-CH_2-$，CH，CHO）
$4.2\sim4.9$	$2400\sim2100$	$v_{C\equiv C}$，$v_{C\equiv N}$，$v_{C=C=C}$
$5.3\sim6.1$	$1900\sim1600$	$v_{C=O}$（酸、醛、酮、酰胺、酯、羧酸）

续表

波长（cm）	波数（cm^{-1}）	键的振动类型
5.9~6.2	1675~1500 1650~1560	$\delta_{C=C}$（脂肪族及芳香族），$v_{C=N}$ δ_{N-H}
6.8~10.0	1475~1300	δ_{C-H}（面内）
10.0~15.4	1360~1250 1200~1025 1000~650	v_{C-N}芳香胺 $C-O(H)$醇醚酚 $\delta_{C=C-H.Ar-H}$（面外）

附录6.4 部分元素的原子吸收光谱线

表6.4-1 部分元素的原子吸收光谱线

元素	灵敏线（nm）	次灵敏线（nm）	元素	灵敏线（nm）	次灵敏线（nm）
Ag	328.068	338.289	Na	588.995	330.232 330.299 589.592
Al	309.271	308.216	Ni	232.003	231.096 231.10 233.749 323.226
As	188.990	193.696 197.197	Pb	216.999	202.202 205.327 283.306
B	249.678	249.773	Pt	265.945	214.423 248.717 283.030 306.471
Bi	306.77	289.80	Sb	217.581	206.833 212.739 231.147
Ca	422.673	239.356 272.164 393.367 396.847	Fe	248.327	208.412 248.637 252.285 302.064
Co	240.725	242.493 304.4.00 352.6.85 252.1.36	Hg	184.957*	253.652
Cr	357.869	359.349 360.533 425.437 427.480	Si	251.612	250.690 251.433 252.412 252.852

元素	灵敏线（nm）	次灵敏线（nm）	元素	灵敏线（nm）	次灵敏线（nm）
Cu	324.754	216.509 217.894 218.172 327.396	Sn	224.605	235.443 286.333
Mg	385.213	279.553 202.580 230.270	Ti	364.268	319.990 363.546 365.350 399.864
Mn	279.482	222.183 280.106 403.307 403.449	Zn	213.856	202.551 206.191 307.590
Mo	313.259	317.035 319.400 386.411 390.296	W	255.135	256.654 268.141 294.740

注：带有 * 为真空紫外线，通常条件下不能应用。

附录6.5　气相色谱常用固定液

表 6.5-1　气相色谱常用固定液

商品名	中文名称	英文名称	相对极性	溶剂	使用温度（℃）
SQ ACI OV-101 OV-1 DB-1 SE-30 HP-1	角鲨烷 聚二甲基硅氧烷	Squalene Dimethyl polysiloxane	非极性	乙醚 乙醚、氯仿、苯	20～150 ≤350
RTX-1 BP-1	聚二甲基硅氧烷	Dimethyl polysiloxane	非极性	乙醚、氯仿、苯	≤350
Dexsil 300	聚碳硼烷甲基硅氧烷	Carboranemethyl silicone	非极性	乙醚、氯仿、苯	20～225
SE-31	乙烯基（1%） 甲基聚硅氧烷	Methyl vinyl polysiloxane	弱极性	乙醚、氯仿、 苯、二氯甲烷	≤300
SE-54 OV-5 DB-5 HP-5 RTX-5 BP-5	苯基（5%） 乙烯基（1%） 甲基聚硅氧烷	Phenylvinylmethyl polysiloxane	弱极性	乙醚、氯仿	≤300
DC-550	苯基（25%） 甲基聚硅氧烷	Phenylmethyl polysiloxane	弱极性	丙酮、乙醚、 氯仿、苯	-20～220

续表

商品名	中文名称	英文名称	相对极性	溶剂	使用温度（℃）
OV-17	苯基（50％）甲基聚硅氧烷	Phenylmethyl Polysiloxane	中等极性	丙酮、乙醚、氯仿、苯	≤300
SE-60（XE＝60）	氰乙基（25％）甲基聚硅氧烷	Cyanoethylmethyl Polysiloxane	中等极性	丙酮、乙醚、氯仿	≤275
OV-225 AC225 P-225 DB-225 HP-225 RTX-225	氰丙基（25％）苯基（25％）甲基聚硅氧烷	Cyanopropyl phenyl Polysiloxane	中等极性	乙醚、氯仿	≤275
PEG-20M（Carbowax 20M）HP-20M DB-WAX 007-20M BP-20	聚乙二醇－20M	Polyethylene Glycol 2000	极性	丙酮、氯仿、二氯甲烷	60～250
FFAP SP-1000 OV-351 BP-21 HP-FFAP	聚乙二醇-20M-2-硝基对苯二甲酸	Polyethylene glycol 2000-2-nitroterephthalic Acid	极性	丙酮、氯仿、二氯甲烷	50～275
QF-1	三氟丙基甲基聚硅氧烷	Trifluoropropyl Methyl polysiloxane	极性	丙酮、氯仿、二氯甲烷	≤275
OV-275	氰乙基（25％）氰丙基（25％）聚硅氧烷	Cyanoethyl cyanopropyl Polysiloxane	强极性	丙酮、氯仿	≤300

附录6.6　气相色谱中的常用载体

表 6.6-1　气相色谱中的常用载体

商品编号	组成、规格和用途	产地
101	白色硅藻土载体，硅藻土经过洗涤后，加碱性助溶剂，再经高温灼烧而成的弱碱性硅藻土	上海
101 酸洗	101 载体经盐酸处理而成	上海
101 硅烷化	101 载体经二甲基二硅氧烷（DMCS）硅烷化处理	上海
102	白色硅藻土载体，硅藻土经过洗涤后，加中性助溶剂，再经高温灼烧而成的弱碱性硅藻土	上海

商品编号	组成、规格和用途	产地
201	红色硅藻土载体，经硅藻土加填料成型，再经高温灼烧，适用于分析非极性物质	上海
201 酸洗	201 载体经盐酸处理而成	上海
202	浅红色硅藻土载体，由硅藻土成型，经高温灼烧而成	上海
405	白色硅藻土载体，吸附性能低，催化性能低，适于分析高沸点、极性和易分解的化合物	大连
6201	红色硅藻土载体，适于分析非极性物质	大连
Celite	白色硅藻土载体	美国
Celatom	白色硅藻土载体	美国
Gas Chrom A	酸洗的 Celatom	美国
Gas Chrom P	酸碱洗的 Celatom	美国
Gas Chrom Q	经过二甲基二硅氧烷（DMCS）硅烷化处理的 Gas Chrom P，为同类型中最好的载体，催化吸附性小，表面均匀，适于分析农药、药物、甾族化合物	美国
Chromosorb G	白色硅藻土载体	美国
Chromosorb P	白色硅藻土载体	美国
Chromosorb W	白色硅藻土载体	美国
Chromosorb WHP	白色高惰性硅藻土载体，催化吸附性小，适于分析药物等难分析的化合物	美国

附录6.7 气相色谱-质谱联用仪器实验室配置要求

一、气相色谱-质谱仪概述

气相色谱-质谱联用技术（GC-MS）是基于色谱和质谱技术，以气相色谱作为试样分离、制备的手段，将质谱作为气相色谱的在线检测手段进行定性、定量分析，辅以相应的数据收集与控制系统构建而成的一种联用技术，在化工、石油、环境、农业、法医、生物医药等领域，已经成为一种获得广泛应用的成熟的常规分析技术。同时，计算机的发展提高了仪器的各种性能，如运行时间、数据收集处理、定性定量、谱库检索及故障诊断等。因此，GC-MS联用技术的分析方法不但能使样品的分离、鉴定和定量一次快速地完成，还对于批量物质的整体和动态分析起到了很大的促进作用。质谱类型有磁质谱、射频质谱（四极杆质谱，离子阱质谱）、飞行时间质谱、傅里叶变换质谱等。气态样品适用的电离方式有电子电离（EI）、化学电离（CI）等。现行土壤检测领域所使用的气相色谱-质谱仪主要为气相色谱四极杆质谱仪（配备 EI 源），使用占比为98%。

二、适用范围

气相色谱-质谱仪在土壤环境监测的项目及其方法见表 6.7-1。

表 6.7-1　气相色谱-质谱仪在土壤环境监测的项目及其方法

序号	仪器设备	标准名称	监测项目
1	气相色谱-质谱仪	《土壤和沉积物　有机磷类和拟除虫菊酯类等 47 种农药的测定　气相色谱-质谱法》（HJ 1023—2019）	有机磷类，拟除虫菊酯类
2		《土壤和沉积物　多溴二苯醚的测定　气相色谱-质谱法》（HJ 952—2018）	溴二苯醚类
3		《土壤和沉积物　有机氯农药的测定　气相色谱-质谱法》（HJ 835—2017）	有机氯农药（23 种）
4		《土壤和沉积物　半挥发性有机物的测定　气相色谱-质谱法》（HJ 834—2017）	半挥发性有机物
5		《土壤和沉积物　多环芳烃的测定　气相色谱-质谱法》（HJ 805—2016）	多环芳烃
6	气相色谱-质谱仪	《土壤和沉积物　挥发性卤代烃的测定　顶空/气相色谱-质谱法》（HJ 736—2015）	挥发性卤代烃
7		《土壤和沉积物　挥发性卤代烃的测定　吹扫捕集/气相色谱-质谱法》（HJ 735—2015）	挥发性卤代烃
8		《土壤和沉积物　挥发性有机物的测定　顶空/气相色谱-质谱法》（HJ 642—2013）	挥发性有机物
9		《土壤和沉积物　挥发性有机物的测定　吹扫捕集/气相色谱-质谱法》（HJ 605—2011）	挥发性有机物
10	高分辨气相色谱-高分辨质谱仪	《土壤和沉积物　二噁英类的测定　同位素稀释高分辨气相色谱-高分辨质谱法》（HJ 77.4—2008）	二噁英
11	高分辨气相色谱-低分辨质谱仪	《土壤、沉积物　二噁英类的测定　同位素稀释/高分辨气相色谱-低分辨质谱法》（HJ 650—2013）	二噁英的初步筛选

三、主要参数的设置

因现行土壤检测领域所使用的气相质谱仪主要为配备 EI 源的气相四极杆质谱仪，且使用占比为 98%，以下内容主要讲述该仪器的参数设置。

1. 载气的选择

EI 源工作时电离能量较高，需要电离能高的气体作为载气，减少背景干扰。对载气有如下特殊要求：具有化学惰性，不干扰质谱图，不干扰总离子流的检测，高纯度等。氮气虽然是惰性气体，但其电离能为 15.6eV，与一般有机化合物电离能接近，电离效率高，对总离子有干扰，与某些化合物的碎片离子重叠，易产生高本底，干扰低质量范围质谱图，对离子相对丰度也有影响，因此氮气不能用作载气。氦气化学惰性好，电离能为 24.6eV，是所有气体中最高的，难以电离，不会因气流不稳而影响色谱图基线。He 的相对分子质量只有 4，流导大，易与其他分子组分分离，对样品有富集作用，离子碎片简单，不干扰。氢气虽然相对分子质量仅为 2，氢原子的电离能为 13.595eV，相对惰性，而且作为载气时，与氦气相比，氢分子扩散项大而传质阻力小，样品出峰快、分析时间短、经济成本低，具有一定的实用性，对非氧化性化合物的 GC-MS 分析，氢气是理想的载气。但鉴于氢气易燃易爆，氦气最为常用。

2. 真空度的保证

高真空度环境可提供足够的平均自由程和无碰撞的离子轨道，减少离子-分子反应，消除背景干扰，增加灵敏度。质谱仪正式使用前，应当有足够的抽真空时间，抽真空时间一般不能低于 4h。通常以水、空气占比评估真空度，水和空气峰相对于质荷比 69 峰的比值（质荷比 28、32 的丰度＜质荷比 69 的丰度的 10％，质荷比 18 的丰度＜质荷比 69 的丰度的 20％），质谱处于可操作的真空度环境。

3. 重要耗材的选择

（1）色谱柱的选择

气相色谱质谱仪使用的色谱柱有别于气相色谱使用的色谱柱，需要使用超高惰性的色谱柱。高惰性柱大大降低柱流失，防止过多色谱柱中物质的碎片离子进入质谱，避免产生基线漂移、噪声增大的状况，大大保障质谱仪分析的灵敏度。

（2）石墨垫的选择

连接气相与质谱间、固定色谱柱位置的螺帽中的石墨垫应选用聚酰亚胺（Vespel）/石墨（85％/15％）材质的石墨垫。复合材质的石墨垫较坚硬，受热不易变形和产生碎屑，气密性好。纯石墨材质的石墨垫较软，易产生碎屑，污染灯丝和离子源。纯石墨也容易导电，影响质谱中待测离子的灵敏度。

4. 质谱的调谐

质谱调谐以全氟三丁胺（PFTBA）充当调谐标样，因其稳定、碎片涵盖质量范围宽、仅有 C-13 和 N-15 同位素且无质量缺陷。可根据实际需要选择合适的调谐方法进行调谐，具体操作参见不同仪器厂家使用说明书。大多情况下能通过仪器自动调谐即可满足分析要求。调谐评估的重要参数有以下几点：

（1）轮廓图中峰形要平滑对称，同位素峰能良好分离；

（2）EM 电压较上次调谐无明显增加；

（3）质谱图中峰数目不应过多，一般要求低于 200 个；

（4）质荷比 69、219、502 的质量分配误差不超过 0.2amu；

（5）合适同位素丰度比；

（6）合适的相对丰度（不同的调谐方式有不同的丰度要求，可参考厂家仪器说明书进行判断）。

5. 全扫描采集方式（SCAN）

全扫描采集方式指质谱采集时，扫描一段范围，该范围为所有待测物离子碎片中最低的质荷比到最高的质荷比（该范围需人工在仪器上设置）。全扫描将所有离子以总离子流图（TIC）的形式呈现，可利用该图结合标准质谱库确定所有待测物的保留时间。当测试参数较多、物质分离度较好、灵敏度符合要求时，可直接采用全扫描模式进行定性定量分析。

6. 选择性离子采集方式（SIM）

选择性离子采集方式只监视特定物质的质荷比。此方法大大提高特定待测物的灵敏度，改善精确度，对痕量分析及复杂基质体系中尤为适用。确定待测物后，应根据其出峰时间进行合理分组，选择性扫描的离子应选取最有特征的离子（化合物特有、高质量、合适丰度）。每组被扫描的离子不宜过多，一般情况下离子驻留时间设在 $30\sim50ms$ 之间，具体参数设置可根据扫描结果作相应调整。

7. 质谱状态的效果评估

当分析挥发性有机物（VOC）时，通常使用 4-溴氟苯（BFB）的特征离子及丰度对质谱状态进行评估。当分析半挥发性有机物（SVOC）时，通常使用十氟三苯磷（DFTPP）的特征离子及丰度对质谱状态进行评估。通过气相色谱进样口注入所需的评估溶液，得到相应的质谱图。评估特征离子及丰度是否符合相应检测标准上的要求。若未能达到规定要求，需对质谱仪的参数进行调整或者考虑通过清洗离子源等方式对仪器进行维护。质谱状态评估及格后才可进行样品分析。

8. 溶剂延迟的设置

每个质谱仪运行方法都应设置溶剂延迟，时间为溶剂完全结束出峰和第一个待测物出峰时间之间。这样不仅可延长灯丝寿命，同时防止过多离子碎片进入色谱仪而增大了背景干扰和影响灵敏度。

四、环境条件

1. 环境温度应在 $5\sim35℃$，相对湿度 $<85\%$。

2. 室内应无腐蚀性气体，离仪器及气瓶 3m 以内不得有电炉和火种。

3. 室内不应有足以影响放大器和记录仪（或色谱工作站）正常工作的强磁场和放射源。

4. 电网电源应为 220V（进口仪器必须根据说明书的要求提供合适的电压），电源电压的变化应在 $+5\%\sim10\%$ 范围内，电网电压的瞬间波动不得超过 5V。电频率的变化不得超过 50Hz 的 1%（进口仪器必须根据说明书的要求提供合适的电频率）。采用稳压器时，其功率必须大于使用功率的 1.5 倍。

5. 仪器应平放在稳定可靠的工作台上，周围不得有强振动源，工作台应有 1m 以上的空间位置。

6. 电源必须接地良好，要求接地电阻小于 1Ω，如果实验室原有的接地不符合要求，需要另外加装地线，一般在潮湿地面（或食盐溶液灌注）钉入长 $0.5\sim1.0m$ 的铁棒（丝），然后将电源接地点与之连接。

注：建议电源和外壳都接地，这样效果更好。

7. 气源采用气瓶时，气瓶不宜放在室内，放室外必须防止太阳直射和雨淋。

五、维护及注意事项

气质联用仪可以看作是毛细管柱气相色谱仪加上质量检测器的组合。它常出的问题也是两者相加。质谱仪维护应注意：

1. 防止空气泄漏影响真空度

空气泄漏会造成抽真空不正常。出问题的位置在于毛细管柱进入质谱腔的接口和质谱腔体开门时的密封圈。防止空气泄漏需要注意的有：伸入质谱腔中的长度应适当，太长或太短都不行；垫圈要松紧合适，太松会有漏气的隐患，太紧则会压碎垫圈。

2. 离子源的清洗

对于质谱检测器，一般来说，80％以上的污染是在离子源部分。我们需要时常留意调谐后的电压，升高到一定程度就要考虑是否要清洗离子源了。离子源的清洗方式如下：

先用专用砂纸或三氧化二铝粉（用无水乙醇混成糊状）打磨除灯丝及螺丝外的金属零件表面，特别注意离子轨道内各部分。分别用水、HPLC 级甲醇、丙酮、正己烷清洗一次，每种溶剂超声波清洗 10min。清洗完毕后将所有零件放置于洁净烧杯低温烘干。

3. 其余的周期性维护

（1）根据实际需求对仪器调谐，了解仪器运行状态；
（2）检查校准样品瓶中调谐标液的量，适时添加，但不宜过满；
（3）扩散泵、机械泵的保养，定期更换泵油；
（4）检查所有载气净化器的状态，适时更换，确保气体洁净、干燥、高纯度；
（5）更换老化部件。

六、常见问题解析

1. 出现污染的情况：首先通过质谱图来判断污染来源，对于质量数为 73/147/207/221/281/295/355/429 等的离子碎片，应该属于聚二甲基硅氧烷，那么这种情况应该是隔垫或是柱流失造成的；而质量数 149 则属于邻苯二甲酸酯类的特征峰，其来源可能是测试过程中用到的塑料制品或是溶剂中含有的增塑剂；低质量数的 18/28/32/40/44 则可能是来源于空气或是水分的干扰。

2. 出现真空度低的问题：可能是空气泄漏、柱流量大或是真空泵出现问题造成的。可通过调谐报告来判断，也可通过手动调谐来进行检漏诊断。

附录 6.8　电感耦合等离子体质谱仪土壤测试实验室配置要求

一、电感耦合等离子体质谱仪概述

电感耦合等离子体质谱（inductively coupled plasma mass spectrometry，ICP-MS）是 20 世纪 80 年代发展起来的新的仪器分析技术，它是将 ICP 技术和质谱结合起来，形成一种强有力的多元素同时测定，检出限低的痕量元素分析技术。

ICP 利用在电感线圈上施加的强大功率的高频射频信号在线圈内部形成高温等离子体，并通过气体的推动，保证了等离子体的平衡和持续电离。在 ICP-MS 中，ICP 起到离子源的作用，高温的等离子体使大多数样品中的元素都电离出一个电子而形成了一价正离子。质谱是一个质量筛选和分析器，通过选择不同质核比（m/z）的离子通过来检测到某个离子的强度，进而分析计算出某种元素的强度。

ICP-MS 仪器的结构厂家不同而具其特殊性，但基本组成类似，主要包括进样系统、ICP 离子源、接口室、离子透镜、质量分析器、检测器及数据处理系统等。其基本结构如图 6.8-1 所示。

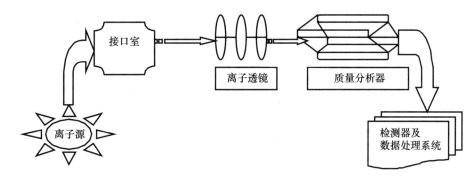

图 6.8-1　ICP-MS 主要组成模块

1. 离子源

离子源是产生等离子体并使样品离子化的部分，主要包括 RF 工作线圈、等离子体、进样系统和气路控制四个组成部分。

1）进样系统：进样系统主要是将所要测定的样品直接气化或转化成气态或气溶胶的形式送入高温等离子体，以便进一步转变成离子，主要包括蠕动泵、雾化器和雾化室。

蠕动泵的作用是把溶液样品比较均匀地送入雾化器，并同时排除雾化室中的废液。雾化器的作用是使样品从溶液状态变成气溶胶状态，因为只有气状的样品才可以直接进入炬管的等离子体中。

雾化器按照结构的不同分为几类，常用的雾化器有同心圆雾化器和直角雾化器。同心圆雾化器与直角雾化器相比，可以提供极佳的稳定性和灵敏度，尤其适合检测浓度较低的溶液，缺点是容易堵塞，耐盐性较差。

由于等离子体对直径较大的微粒的放电效率较差，因此要求进入炬管的气溶胶状的样品液滴有均匀和细小的几何尺寸。为了达到这个目的，仪器中采用了雾室，雾室是一个气体流过的通道，当气溶胶通过时，直径大于 $10\mu m$ 的液滴将被冷凝下来，从废液管排出。雾室的另一个目的是柔化雾化器喷出的气溶胶，最终使其均匀地进入等离子体。

2）等离子矩管：炬管是产生等离子体装置，炬管主要有三层结构，外层的叫作外管，其次是内管，中间的是中心管。外管中通的气体叫冷却气，主要功能是冷却炬管，提供氩原子维持等离子体的稳定性。在内管中流动的气体叫做辅助气，也是氩气，它的作用是给等离子体火焰向前的推力，实现不断的电离，也很好地保护了中心管，以免过高的温度使其熔化。中心管中流出的是从雾化室排出的样品溶液的气溶胶。

等离子体工作时，首先提供强大的射频电压到 RF 工作线圈，然后利用高压使气体放电产生火化，少量离子在电磁场作用下聚集并相互碰撞，很快就使更多的原子电离，最终形成了稳定的火焰。

2. 接口室

接口连接常压高温等离子体及高真空质谱仪，将等离子体中的离子有效地传输到质谱仪，并保持离子一致性及完整性。目前，市面上的 ICP-MS 多采用双锥设计，即采样锥（孔径 0.8～1.2mm）和截取锥（孔径 0.4～0.8mm），并通过机械泵维持接口处的低真空（2～5mbar），从 ICP 离子源中提取样品离子流。

3. 离子透镜

离子透镜系统位于截取锥及质量分离器之间，由一组或更多静电控制的透镜组成，并使用涡轮分子泵保持真空度在 10^{-3} Torr 之间。不同于 ICP 发生光谱或原子吸收光谱所使用的传统光学透镜，离子透镜由一系列金属片或一个金属圆筒组成。其作用是通过接口锥提取常压等离子气氛中的离子，送至质量分析器。而非离子化粒子，如颗粒物、中性粒子及光子，则通过施加某种物理阻碍（如质量分析器离轴设计或将离子束在静电场中偏转 90°），使其无法到达检测器。

4. 质量分析器

质量分析器是不同种类的质谱仪的主要区别之处，四极杆分析器是一种成熟的质量分析仪器，利用四极杆对不同核质比的元素离子的筛选作用，达到顺序分析离子质量的目的。

5. 检测器及数据处理系统

接收被质滤器分离的离子，同时将离子信号转化为电信号，经转换、放大、处理后给出分析结果。

二、适用范围

ICP-MS 土壤环境监测的项目及其方法见表 6.8-1。

表 6.8-1 ICP-MS 土壤环境监测的项目及其方法

标准编号	标准名称	监测项目	仪器配置要求
HJ 803—2016	《土壤和沉积物 12 种金属元素的测定 王水提取-电感耦合等离子体质谱法》	镉（Cd）、钴（Co）、铜（Cu）、铬（Cr）、锰（Mn）、镍（Ni）、铅（Pb）、锌（Zn）、钒（V）、砷（As）、钼（Mo）、锑（Sb）	能够扫描的质量范围为 5～250amu，分辨率在 10%峰高处的峰宽应介于 0.6～0.8amu

三、仪器测定条件和参数

1. 仪器校准（Instrument calibration）

不同型号的 ICP-MS 仪器操作软件的设计有差别，但通常要先对仪器进行基本校准。现在的仪器都配有仪器自动校准程序，操作比较方便。仪器基本校准包括：

1）质量校准（mass calibration）。对质谱仪器质量标度的校准过程，通常在整个质量范围内进行，一般选择几个有代表性的轻、中、重质量范围的元素（比如 Li、In 和

U 浓度范围一般为 10～50ng/mL）作为校准点进行自动校准。

2）检测器校准（detector calibration 或 cross calibration）。对检测器的脉冲和模拟两种模式的交叉自动校准。一般选择轻、中、重质量范围的元素（比如 Li，In，U，浓度范围一般为 10～50ng/mL）进行校准。检测器校准非常重要，如果校准不当，分析校准曲线的线性会受到严重影响。

2. 仪器调谐 （Instrument tuning）

通过仪器调谐将仪器工作条件最佳化。对于多元素分析，一般是采取折中条件。调谐的主要指标是灵敏度、稳定性、氧化物等干扰水平。通常采用含有轻、中、重质量范围的元素的混合溶液（比如 Li、Be、Co、In、Rh、Ce、Th、Bi 和 U，浓度范围一般为 1～10ng/mL）进行最佳化调谐实验。调谐的仪器参数包括透镜组电压、等离子采样位置（深度和上下左右定位）、等离子体发生器的入射功率和反射功率、载气流速、检测器电压（需要时）等。现代仪器都有自动调谐功能。

3. 数据采集 （Data acquisition）

由于四极杆 ICP-MS 是顺序测量，所以数据采集方式非常关键。通常 ICP-MS 数据采集采用两种测量方式，一种是扫描，另一种是跳峰。

1）扫描方式（Scanning）

对每个峰在数个通道（通常为 20 个通道）内的整个质量连续扫描。多点扫描可以获得完整的谱图形状，信息量多，有利于了解相邻背景以及干扰情况，但比较费时，对于快速定量不是最佳选择。在扫描操作方式中，有两种峰积分方式：一种为固定质量宽度积分，另一种为峰谷积分。

2）跳峰方式

质谱仪在几个固定质量位置（通常 1～3）上对每一个感兴趣的同位素进行数据采集。在此操作方式中，峰的中心位置的定位十分重要，因为它被用来确定每个峰的测量起点。跳峰选择点数也很重要，一般来讲，在给定的积分时间内，单点跳峰方式检出限最好。跳峰的优点是数据采集效率高。

实际应用中选择哪种方式，应根据工作需求来定。比如，测定的是连续信号还是瞬时信号、测定的元素数目、需要的检出限和精密度水平等。

4. 数据采集参数

1）扫描时间

在完整的选定质量表中，数据所需的总时间。

2）静置时间

静置时间是系统从一个质量到另一个质量进行"跳峰"和检测器经跳峰后静置复位所需要的时间，它与仪器的硬件和电子元件有关。

3）驻留时间

测量一个特定质量的信号所需的时间。一般驻留时间为 10ms/点。

4）每峰点数

每个峰所选择测量点的数目，可选择多点，也可以选择一点。一般认为，每峰一点（峰最大点）是最佳选择。

5）扫描次数

在完整的选定质量表中，采集数据所确定的扫描次数。

四、环境条件

1. 仪器房间最好采用超净实验室设计，使房间内保持在正压状态，保持室内清洁。

2. 实验室应保持恒温 18～24℃，并且保持恒定即每小时波动不得大于 2℃，湿度 40％～70％，湿度大的季节，必须采用除湿机除湿。

3. 具有排风系统，风速不能太小也不能太大，要求风速为 10m/s。

4. 仪器主机系统需要单相 AC 230V±10％，电流大于 45A 的单相三线供电线路，应加装稳压电源或 UPS，零地电压差小于 5V。

五、仪器维护与保养

1. 进样系统（蠕动泵、雾化器、雾化室、矩管）

1）经常检查，定期更换泵管。样品引入蠕动泵的好坏直接影响信号的稳定性，建议一个星期更换一次（大约 40h 工作室时间），排废液管使用期限可以长一些。一旦发现进样管、蠕动泵管开裂、变形或失去弹性，要及时更换。如果喷入高浓度的有机溶剂，应该更换成有机溶剂专用泵管。分析完毕后切记松开泵管。

2）定期清洗雾化器、雾化室和炬管。注意同心气动雾化器最好不要采用超声波清洗或放在玻璃烧杯中煮沸清洗，以免损坏雾化器内注入管。交叉气动雾化器可以采用超声波清洗。清洗液可根据情况采用一般清洗玻璃器皿的洗液，或用一定浓度的热王水或硝酸、盐酸浸泡清洗，最好用去离子水充分洗净。注意不要让雾室的 O 型环接触到酸液。如雾化室内壁出现挂水珠现象，一般可喷入 1％的 HF 溶液 1min，但喷完后不能立刻分析硼、硅等元素。

注意：

1）由于雾化器中心的毛细管口径非常小，要求样品一定要溶解彻底，不得含有沉淀或漂浮物，否则容易堵塞雾化器。

2）在用普通进样系统时，不得含有有机成分，否则分解出来的碳会堵塞锥孔；不得含有 HF 或氟化物，否则容易损坏炬管和雾化器。如果需要分析此类样品，需要更换有机进样系统或耐氢氟酸进样系统。

3）石英玻璃严禁超声清洗。

2. 接口（采样锥和截取锥）

定期清洗采样锥与截取锥。采样锥和截取锥的条件影响信号的灵敏度和背景水平。锥表面的变形将引起采样过程中等离子体气流的散射和导致高水平干扰离子的生产。清洗周期取决于运行时间以及分析样品的含盐量程度。

锥一般是由金属镍精密加工而成。锥孔尤其是截取锥孔非常尖，极易碰损，所以卸取、清洗和安装都必须格外小心。有以下几种清洗锥的方法：①采用超声波在大约 5％的洗涤液中清洗 15min，然后用去离子水超声清洗 15min。②将专用的金属抛光粉和成泥状，用一块软布由内到外轻轻擦拭锥体内表面和外表面。用水冲洗锥，然后再放到

1%～5%的硝酸中超声清洗 2min（清洗锥时，将锥浸泡在 5% 的稀硝酸中不要超过 10min）。用去离子水充分洗净，最后用丙酮或空气使其干燥。如有必要，还可以使用水磨砂纸（仅可使用 1200 号）对锥进行打磨，以去除锥上的顽固污渍，随后再用大量去离子水冲净。如果锥明显损坏，则必须更换。

3. 透镜系统

透镜系统一般最好由专业维修人员维修检查。如果仪器运行负荷很大，最好半年检查一次，如有需要，进行清洗。一般采用水磨砂纸打磨提取透镜，再用去离子水清洗，并在去离子水中超声清洗 5min。清洗透镜时，请注意所使用的工具顶部也要清洗，而且一定要戴好无粉手套后才可接触透镜，以防污染。透镜和引导片可以使用砂纸打磨，去离子水冲洗，超声清洗，然后在空气中晾干或烘箱中烘干。也可用丙酮清洗将表面的水赶尽。

4. 真空系统

真空系统一般不需要日常维修保养。除非长期停运，一般应保持仪器的真空状态。如有问题可与仪器厂家联系。机械泵油一般由专业维修人员视情况更换。可观察泵油的颜色，如颜色为深黄色，需更换。更换泵油时，必须先将仪器关机，将废泵油排放至废油桶，然后添加新泵油，油面高度一般达到满刻度 80% 处即可。

日常工作中如果发现油雾过滤器处存油太多，可在机械泵工作状态下，直接旋松泵顶部的回油阀 3～5min，让泵油流回泵中。

5. 冷却水系统

冷却水系统非常重要，一般采用去离子蒸馏水。每日检查冷却水进出是否通畅。定期检查液面，定期更换水。

6. 质谱干扰类型

1）同量异位素干扰

同量异位素干扰是指样品中待测离子质荷比相同的其他元素的同位素引起的质谱重叠干扰，该干扰不能被四极杆质谱分辨，偶数质量的同位素比奇数更易受到同量异位素干扰。可以采用编辑矫正方程来消除部分干扰。

2）多原子离子的干扰

该干扰主要由 Ar、O、H、N 复合形成，无机元素分析消解所用的硝酸、盐酸、双氧水以及 ICP 与环境空气接触，因此多原子离子干扰质荷比大多小于 82。多原子离子干扰是 ICP-MS 中最严重的干扰类型，即由多个原子结合形成的短寿命复合离子，主要以氩化物、氢氧化物等形式出现。

附录6.9　二噁英实验室规划和建设方案

二噁英类有机污染物具有长期残留性、生物蓄积性、剧毒性和高致病性的特点，对人类和野生动植物具有严重的危害。二噁英实验室的专业性强，在设计和施工方面均有很多特殊的要求。根据国内一些二噁英分析实验室建设的实践经验，编者提出实验室平面布局、空调通风系统设置、电气自控系统设置、配电、防火安全卫生、实验室装修以及主仪器安装的设计方案。

一、二噁英实验室设计注意事项

二噁英是多氯二苯并二噁英（polychlorinated dibenzo-p-dioxin，PCDDs）和多氯二苯并呋喃（polychlorinated dibenzofurzan，PCDFs）两类化合物的总称，PCDDs 和 PCDs 各自有 75 个和 135 个同族异构体，化学结构相似，常温下无色无味、稳定、极难溶于水，可溶于有机溶剂，易在生物体内积累。二噁英毒性已被国际癌症研究中心列为人类一级致癌物，被称为"世纪之毒"。

二噁英 80％以上来源于废弃物的焚烧，包括野火、炉火甚至火灾都有可能产生，同时，在含氯有机物的生产过程中也伴随少量副产物生成，附着在炉灰、飞灰上以废气的形式排放到大气中。

为保证实验流程对二噁英检测、分析最有利，且保证实验人员的操作安全，我们要合理规划洁净区与非洁净区及辅助功能实验室的布局。洁净区与非洁净区的规划可以确定各功能区域合理洁净度。同时，在洁净区我们要设计合理的压差梯度，以防止气溶胶在不同的功能区域间渗透，保障实验操作人员的安全。具体要注意以下几点：

① 洁净区空调设计符合洁净厂房设计规范；

② 确定不同功能区域的压差；

③ 确定人流、物流通道，要求入口严格执行人流、物流分开，并要求物料传递线路最短；

④ 确定潜在污染外溢的防护措施；

⑤ 实验室"三废"排放需满足标准；

⑥ 确定实验室通信、消防设施齐全，具有实验室自我保护功能以及必要的检测、显示、报警功能。

二、二噁英实验室设计建设中容易出现的问题

由于二噁英实验室洁净工程相比于一般洁净室的要求特殊，因此造价相对较高，其主要原因在于平面布局过于烦琐，不合理的布局设计造成个别实验室并不能真正起到实际作用。针对此现象，建议人员净化和物料净化流程如下：

① 洁净区人员净化：洁净鞋→普通外衣存放区→洁净更衣→风淋或缓冲→进入洁净实验室区域，进入实验室人员必须穿洁净服；

② 样品物流通道：缓冲→物料净化传递口→进入样品保管室等洁净实验室区域，通道应设计成单向性；

③ 试剂物流通道：试剂保管室→净化传递口试剂配制→进入洁净实验室区域，通道应设计成单向性；

④ 废品物流通道：废液保管室→缓冲→出实验室区域，通道应设计成单向性。

任何物料进入洁净实验室不能原路返回，传递窗双门要求联动互锁。

三、二噁英实验室建设方案

1. 气流设计

洁净室气流流态最好采用垂直单向流设计，上送下排，送风口最好为侧排，不要对着仪器。循环供气时，新风量不应小于 $80\sim120\,\text{m}^3/\text{h}$（$2\sim3$ 人/h）。尽量避免上送上排，以避免有毒有害气体从下面向上排出的过程中进入人体内。前处理室也可采用恒量通风柜为排风口。

2. 通排风设计

1）通排风设计时应注意相对独立，防止气流间的交叉污染。管道的保温应符合工程规定。另外，实验室排风系统必须经无害化处理，应保证实验环境空气中毒尘有害物质的浓度不超过国际标准和有关规定，并采取密闭、负压等综合措施。

2）一般采用活性炭过滤器对排风进行处理。活性炭过滤器安装应合理，便于进行检漏和更换，不应安装于排风机的正压端，因为这样既不能保护排风机，又不能满足污染的排风段必需的负压要求。

3）在考虑主仪器排放废气时，要求 GC 及 MS 泵排气需经活性炭装置过滤后经其他风道排出，不得排入循环风管。应事先设计预留排气口位置。

3. 通风橱排风量设计

1）通风橱排风量需达到一定排放量，以防止有害气体溢出危害实验人员的健康。从节约能源角度考虑，建议采用补风型通风橱，以节省空调负荷，并达到稀释通风柜内有害气体浓度的目的。为确保实验室洁净度，通风橱必须经高效过滤处理。

2）考虑采用变风量的通风橱，即无论通风橱的窗口开启高度如何，可以跟踪改变风量，始终保证通风橱内的排风的速度达到 $0.5\,\text{m/s}$。

3）采用变风量的通风橱从长远角度考虑可以节约能源。建议实验过程中的所有预处理设备都放入通风橱内，以确保操作人员的安全。

4. 空调及空气处理系统设计

1）二噁英实验室试验区空调建议采用组合式空调机组，以满足空气的冷、热、湿处理及实验室内洁净度要求。组合式空调机组含有初效过滤新风段、风机段、表冷段、加热段、加湿段、电热段和中效段。鉴于二噁英极强毒性，建议实验室的预处理间空调机组为全新风机组。

2）对于有特殊温湿度要求的房间（如仪器分析室）需采用恒温恒湿精密空调。而实验室的降解间、样品间和药品间为污染区域，应 24h 不间断送排风。

3）为使系统更加节能，可通过风机变频处理实现辅助区域和污染区域的相互分离，当辅助区域无人工作时，系统自动关闭该区域空调系统，而污染区域的负压状态不受任何影响。

5. 实验室控制调节系统设计

二噁英实验室产生危险废物和危险废气，应设计可靠的监测仪器、仪表及必要的自动报警和联锁系统。

1) 室内相对压差控制

为保证实验室内各个区域的压差和压力梯度，根据各个排风口排风量要求，送风、排风系统应安装必要的定风量阀及可控制的风量调节阀，而不是普通的调节阀。

2) 通风橱补风、排风控制

通风橱是二噁英实验室最常用的设备实验室，对其安全性能要求也是最高的。实验室通风橱补风口、出风口及实验台排风口都应设有定风量阀，并设有防倒流措施。因不同时期，通风橱同时使用的数量不尽相同，故要求排风系统采用变频控制措施。同样，通风橱补风系统也采用变频措施，以满足实验室负压要求，并满足不同数量的通风柜启停对不同补风量的要求。

3) 空调机组自动监控

监测室外温度，当室外温度低于5℃时，控制电加热将室外新风加热至5℃以上再进入空调机组；监测各个房间的总送风量，并根据设定至调整排风机的运行频率；监测各个房间的温湿度和静压；电加热器与空调机内送风机联锁，只有先开风机，才能开电加热；电加热器需有过热断电保护和无风断电保护措施；设定过滤器的压差报警，提醒清洗过滤器等。

6. 实验室配电系统设计

动力、照明及仪器最好分路供电，独立控制。实验室插座分布及功率分配应充分考虑实验室未来发展需要，可结合实验台功能区的分布进行布局。例如，主仪器间用的高分辨色谱质谱仪功率很高，所以供电时应单独考虑，并且应为主仪器预埋单独地线，接地电阻最好小于0.5Ω。同时，还应考虑断电保护措施，断电后需手动恢复对仪器设备供电，不应自动恢复。条件允许的情况可为初级扩散泵、工作站及水冷器配置UPS电源（使用油扩散泵时）。对于实验室的预处理间或洗烘间，由于安装有特殊的仪器设备，如烘箱、马弗炉等，有时需强电流的供电设备，所以对这些设备的供电电路应单独分开，常规的墙面插座（10A）满足不了这些设备的供电要求。正常情况下不带电，事故时可能带电的配电装置及电气设备外露可能导电的部分，均应按照一定的规范要求设计可靠接地装置。

7. 实验室装修

1) 地面材料

实验室地面装修应考虑使用抗酸碱及有机溶剂腐蚀、耐磨、无干扰物质存在（VOC及酞酸值等）、防静电的材料。

2) 隔断及密封胶

实验室隔断及密封胶应考虑干扰物的问题，照明用的灯管可吸顶明装，以易于更换及积尘点较少为原则。

3) 消声防尘

由于主仪器一旦启动，噪声影响很大，所以在选用墙体材料时应尽量考虑消声问题，但消声材料的设计往往容易吸尘，所以应从消声和防尘两方面综合考虑。风管及机组应有消声措施，避免噪声过大。

4）装修材料选用

选用装修材料时，应考虑一定的防火措施。实验室内最好使用气体灭火装置，避免水直接喷淋以减少意外损失。通风和空气调节系统的保温材料、消声材料及其粘结剂等，应采用非燃烧材料。装修完工后给水排水管道和气体动力管道应遵照《洁净室施工及验收规范》（GB 50591—2010）和《建筑装饰装修工程质量验收标准》（GB 50210—2018）等有关规范进行强度试验、气密性试验、真空度试验和泄漏量试验验收。

参考文献

[1] 李成平. 现代仪器分析实验［M］. 北京：化学工业出版社，2013.

[2] 张晓凤，柏俊杰，曹坤. 现代仪器分析实验［M］. 重庆：重庆大学出版社，2020.

[3] 孙尔康，张剑荣，陈国松，等. 仪器分析实验［M］. 南京：南京大学出版社，2009.

[4] 卢士香，齐美玲，张慧敏，等. 仪器分析实验［M］. 北京：北京理工大学出版社，2017.

[5] 陈皓，李明利，刘海玲，等. 环境现代仪器分析实验［M］. 上海：同济大学出版社，2020.

[6] 顾雪元，毛亮. 环境化学实验［M］. 南京：南京大学出版社，2020.

[7] 吴峰，李进军，肖玫，等. 环境化学实验［M］. 武汉：武汉大学出版社，2014.

[8] 方修忠，迟宝珠. 仪器分析实验教程［M］. 北京：科学出版社，2016.

[9] 陈玲，郜洪文. 现代环境分析技术［M］. 北京：科学出版社，2008.

[10] 陈玲，赵建夫，仇雁翎，等. 环境监测［M］. 北京：化学工业出版社，2003.

[11] 陈穗玲，李锦文，曹小安. 环境监测实验［M］. 广州：暨南大学出版社，2010.

[12] 迟杰，齐云，鲁逸人. 环境化学实验［M］. 天津：天津大学出版社，2010.

[13] 戴树桂. 环境化学［M］. 北京：高等教育出版社，1999.

[14] 但德忠. 环境分析化学［M］. 北京：高等教育出版社，2009.

[15] 董德明，朱利中. 环境化学实验［M］. 2版. 北京：高等教育出版社，2009.

[16] 董绍俊. 化学修饰电极［M］. 北京：科学出版社，1995.

[17] 樊芷芸. 环境学概论［M］. 北京：中国纺织出版社，1997.

[18] 方禹之. 环境分析与监测［M］. 上海：华东师范大学出版社，1987.

[19] 傅若农，顾峻岭. 近代色谱分析［M］. 北京：国防工业出版社，2000.

[20] 高士祥，顾雪元. 环境化学实验［M］. 上海：华东理工大学出版社，2009.

[21] 国家环境保护总局，大气和废气监测分析方法编委会. 大气和废气监测分析方法［M］. 4版. 北京：中国环境科学出版社，2002.

[22] 国家环境保护总局，空气和废气监测分析方法编委会. 空气和废气监测分析方法［M］. 4版. 北京：中国环境科学出版社，2003.

[23] 何少先. 环境监测［M］. 成都：成都科技大学出版社，1987.

[24] 何燧源. 环境污染物分析监测［M］. 北京：化学工业出版社，2001.

[25] 华中师范大学，东北师范大学，陕西师范大学，等. 分析化学实验［M］. 3版. 北京：高等教育出版社，2002.

[26] 黄衫生. 分析化学实验［M］. 北京：科学出版社，2008.

[27] 黄秀莲，张大年，何燧源. 环境分析与监测［M］. 北京：高等教育出版社，1989.

[28] 江桂斌. 环境样品前处理技术·环境监测［M］. 北京：高等教育出版社，2004.

[29] 江锦花. 环境化学实验［M］. 北京：化学工业出版社，2011.

[30] 江祖成. 现代原子发射光谱分析［M］. 北京：科学出版社，1999.

[31] 康春莉，徐自力，马小凡. 环境化学实验［M］. 吉林：吉林大学出版社，2000.

[32] 孔令仁. 环境化学实验［M］. 南京：南京大学出版社，1990.

[33] 李光浩. 环境监测实验［M］. 武汉：华中科技大学出版社，2010.

［34］李金城，李艳红，张琴．环境科学与工程实验指南［M］．北京：中国环境科学出版社，2009.

［35］李绍英．环境污染与监测［M］．哈尔滨：哈尔滨工程大学出版社，1995.

［36］李元．环境科学实验教程［M］．北京：中国环境科学出版社，2007.

［37］林树昌，曾泳淮．分析化学（仪器分析部分）［M］．北京：高等教育出版社，1994.

［38］刘凤枝，刘潇威．土壤和固体废弃物监测分析技术［M］．北京：化学工业出版社，2007.

［39］刘密斯．仪器分析［M］．2版．北京：清华大学出版社，2002.

［40］刘玉婷．环境监测实验［M］．北京：化学工业出版社，2007.

［41］楼书聪，杨玉玲．化学试剂配制手册［M］．2版．南京：江苏科学技术出版社，2002.

［42］陆雅琴，王秀龄．基础仪器分析［M］．北京：学术期刊出版社，1989.

［43］吕九如．仪器分析［M］．西安：陕西师范大学出版社，1993.

［44］罗毅，李国刚，吕怡兵，等．地表水环境质量检测实用分析方法［M］．北京：中国环境出版社，
2009.

［45］马文漪，杨柳燕．环境微生物工程［M］．南京：南京大学出版社，2000.

［46］南京大学无机及分析化学实验编写组．无机及分析化学实验［M］．北京：高等教育出版
社，2001.

［47］聂麦茜．环境监测与分析化学实践教程［M］．北京：化学工业出版社，2003.

［48］清华大学分析化学教研室．现代仪器分析［M］．北京：清华大学出版社，1983.

［49］苏玉萍．环境学基础实验与见习教程［M］．北京：化学工业出版社，2009.

［50］孙成．环境监测实验［M］．2版．北京：科学出版社，2010.

［51］孙成．环境监测实验［M］．北京：科学出版社，2003.

［52］孙尔康，张剑荣，马全红，等．分析化学实验［M］．南京：南京大学出版社，2009.

［53］汤鸿霄．用水废水化学基础［M］．北京：中国建筑工业出版社，1979.

［54］唐森本，王欢畅，葛碧洲，等．环境有机污染化学［M］．北京：冶金工业出版社，1995.

［55］王丙强．室内环境检测技术［M］．北京：化学工业出版社，2005.

［56］王崇尧．仪器分析［M］．北京：兵器工业出版社，1990.

［57］王晓蓉．环境化学［M］．南京：南京大学出版社，1993.

［58］王正萍，周雯．环境有机污染物监测分析［M］．北京：化学工业出版社，2002.

［59］陈华序，郑沛霖，等．分析化学简明教程［M］．北京：冶金工业出版社，1989.

［60］贾龙．大气臭氧化学研究进展［J］．化学进展，2006，18（1）：1565-1574.

［61］HJ 504—2009. 环境空气 臭氧的测定 靛蓝二磺酸钠分光光度法［S］．北京：中国环境科学出版
社，2009.

［62］HJ 590—2010. 环境空气 臭氧的测定 紫外光度法［S］．北京：中国环境科学出版社，2010.

［63］殷永泉，纪霞，单文坡，等．分光光度法测定空气中臭氧的问题探讨［J］．实验技术与管理，
2005，22（10）：46-49.

［64］姚丽珠，王月江．火焰原子吸收光谱法测定汽油中铁镍铜［J］．冶金分析，2007，27（12）：
70-102.

［65］王彤，赵清泉．分析化学［M］．北京：高等教育出版社，2003：300-305.

［66］HJ/T 345—2007. 水质 铁的测定 邻菲啰啉分光光度法（试行）［S］．北京：中国环境科学出版
社，2007.

［67］温洁文．邻菲罗啉紫外-可见光光度法测定水中总铁的研究［J］．企业技术开发，2011，30（11）：
51-52，58.

［68］刘二保，卫红清，程介克．铁形态分析进展［J］．分析科学学报，2002，18（4）：344-348.

［69］董文宾，强西怀，廖素文．河水中铁的形态分析［J］．西北轻工业学院学报，1996，14（1）：

83-87.

[70] 邱小香. 分光光度法测定水中全铁的含量 [J]. 西南民族大学学报·自然科学版，2011，37（1）：111-113.

[71] 刘林斌. 二氮杂菲分光光度法测定水中总铁的研究 [J]. 广州化工，2011，39（12）：108-110.

[72] 黄伟，黄选忠. 双波长光度法测定水中的微量铁 [J]. 化学分析计算，2008，6（17）：52-54.

[73] 张秋菊，崔世勇，陈洁. Fe（Ⅱ）-3-Br-PADAP-SDS 显色反应的研究及水中微量铁的测定 [J]. 中国卫生检验杂志，2008（4）：632-632，687.

[74] 王晓蓉. 环境化学 [M]. 南京：南开大学出版社，1993.

[75] 朱广伟，高光，秦伯强，等. 浅水湖泊沉积物中磷的地球化学特征 [J]. 水科学进展，2003，14（6）：714-719.

[76] 金相灿，孟凡德，姜霞，等. 太湖东北部沉积物理化特征及磷赋存形态研究 [J]. 长江流域资源与环境，2006，15（3）：388-394.

[77] V. Ruban. Quevauviller, Harmonized protocol and certified reference material for the determination of extractable contents of phosphorus in freshwater sediments：A synthesis of recent works. *Fresenius J Anal. Chem.* 2001，370：224-228.

[78] 黄清辉，等. 沉积物中磷形态与湖泊富营养化的关系 [J]. 中国环境科学，2003，23（6）：583-586.

[79] 王超，等. 典型城市浅水湖泊沉积物磷形态的分布及与富营养化的关系 [J]. 环境科学，2008，29（5）：1303-1307.

[80] M. J. Hedley, J. W. B. tStewart, S. Chauhanb. Changes in inorganic and organic soil phosphorous fractions induced by cultivation practices and by laboratory incubation. *Soil Sci. Soc. Of Am. J.*，1982，46：970-975.

[81] 吴重华，王晓蓉，孙昊. 羊角月芽藻摄取磷形态的动力学研究 [J]. 环境化学，1998，17（5）：417-421.

[82] 国家环境保护总局《水与废水监测分析方法》编委会. 水和废水监测分析方法 [M]. 4 版. 北京：中国环境科学出版社，2002.

[83] 方战强，陈中豪，胡勇有，等. 发光细菌法在水质监测中的应用 [J]. 重庆环境科学，2003，25（2）：56-58.

[84] Thomtdka K W, et al., Use of bioluminesecent baeterium photobacterium phosphoreum to detect potentially biohazardous materials in water [J]. Bull. Environ. ContamToxicol.，1993，51（4）：538.

[85] 韦东普，马义兵，陈世宝，等. 发光细菌法测定环境中金属毒性的研究进展 [J]. 生态学杂志，2008，27（8）：1413-1421.

[86] 杜晓丽，徐祖信，王晟，等. 发光细菌法应用于环境样品毒性测试的研究进展 [J]. 工业用水与废水，2008，39（2）：13-16.

[87] 黄正，汪亚洲，王家玲. 细菌发光传感器在快速检测污染物急性毒性中的应用 [J]. 环境科学，1997，18（4）：14-17.

[88] GB/T 15441—1995. 水质 急性毒性的测定 发光细菌法 [S]. 北京：中国标准出版社，1995.

[89] 贾琼，马玫彤，宋乃忠. 仪器分析实验 [M]. 北京. 科学出版社，2016.